＼Lチカでわかるクラスタオーケストレーション／

K目で見て体験！
Kubernetes
のしくみ

花井 志生 ［著］

技術評論社

はじめに

Dockerの衝撃

Dockerはコンテナ仮想化技術を用いてアプリケーションを稼動するためのプラットフォームです。Docker上のアプリケーションは、ネットワーク、ファイルシステム、ユーザ空間が分離された「コンテナ」内で動作するため、あたかも別のマシンで動いているかのような状態で稼動します。一方でこのときLinuxカーネルは共有されるため、効率が良く、仮想マシンに比べて起動も高速です。

とはいえ、これだけだとアプリケーションから見れば単に軽量な仮想マシンの代わりと見えるかもしれません。しかし、Dockerの利点はこれだけではありません。

これまでアプリケーションの実行環境の構築は、「sshなどでマシンにログインして、手作業で行う」という流れで行なわれてきました。実際本書でも、付録にて解説するRaspberry Piの基本的な環境構築は手作業で行っています。このような手法での環境構築では、途中でミスに気付いたらやり直しになってしまいます。そしてそれ以上にやっかいなのは、ミスした時点からもう一度やり直せばよいのか、それとも一番最初からやり直さなければならないかの判断がつきにくいことです。

例えば、あなたがなんらかのソフトウェアのインストールの手順をまとめ、誰かがあとからその手順に従って、ほかのマシンでもインストール作業を行うことになったとしましょう。

「書いてあるとおりに進まないのですが」

よく聞く台詞です。もちろん単純なミスであるケースもあるでしょう。しかし、あなたがインストールの手順書を作成する際に何度か途中からやり直したことによって、最初からやり直しをせずに実施したときとは環境が微妙に変わってしまっていることが原因となっているケースが少なからずあります。これを防ぐには、「間違えたら、最初からやり直し」とする必要があります。そう、OSのインストールからですね。これには膨大な手間と時間を要することになります。

一方Dockerでは、コンテナの実行環境を Dockerfile というファイルで定義します。つまりDockerでは、「手順」がすべて Dockerfile の中に書かれています。このため、間違いに気付いたら Dockerfile を編集するだけですみます。さらにDockerは、Dockerfile から環境を構築する「ビルド」時に Dockerfile 内の各手順を実施した段階でキャッシュを生成します。このため Dockerfile の途中を修正したとしても、ビルドを毎回最初からやり直さずにキャッシュを利用して高速に行うことが可能となります。また、Dockerfile 内に変数を埋め込んだり、すでに存在するDockerイメージをベースにして拡張することも可能なため、一部の構成が異なるケースでも1つの Dockerfile を再利用しつつ柔軟に拡張することが可能です。

Dockerfile が完成したら、ビルドによってDockerイメージを生成し、このイメージからコンテナを起動することができます。Dockerイメージはコンテナレジストリに格納でき、これにより簡単にアプリケーションを、その実行環境まで含めた状態で流通できるようになります。公開されているコンテ

ナレジストリとしては Docker Hub[注1] が有名ですが、最近GitHubでもコンテナレジストリがサポートされました[注2]。

クラスタオーケストレーションという課題

Dockerを用いることで、アプリケーションの実行環境の定義を「コード」として記載し、同一の実行環境を簡単に何度でも構築することが可能となりました。しかし、例えばWebサイトを提供しようと考えた場合、「Webサーバと一緒にDBサーバを稼動して、これらをネットワークで接続する」といった複数のアプリケーションの連携が必要になります。

このように複数のコンテナ・アプリケーションを連携するためのツールとして、Docker Composeがあります。Docker Composeを使えば、`docker-compose.yaml` という定義ファイルの中に複数のアプリケーションをどのように構成するかを記述することで、容易にアプリケーション間の連携が可能になります。しかし、現実のアプリケーションの運用においては、Docker Composeだけでは不十分なケースが多くあります。なぜでしょうか。

ある程度の規模のサービスを提供する場合、多くのリクエストが集中した場合に備えて複数のサーバに負荷を分散したり、データセンタに障害が起きた時に備えて複数のデータセンタに処理を分散したりといった配慮が必要となります。Docker Composeによって複数のコンテナ・アプリケーションの連携が可能となった一方で、Docker Composeは1つのサーバ内ですべてのコンテナが稼動することを前提としているため、こうした大規模なサービスでは利用できないのです。

Kubernetesはこうしたサーバの垣根を越えたコンテナの連携を実現するための技術で、「クラスターオーケストレーションシステム」と呼ばれます。もとはGoogleが設計したアプリケーションですが、現在はCloud Native Computing Foundationが保守をしています。図1にDocker、Docker Compose、Kubernetesを模式化したものを示します。

Kubernetesを利用することにより、インフラやアプリケーションの障害への対応や負荷に応じたオートスケールといった機能が利用できるようになります。

なお、KubernetesとDockerはしばしば対となって解説されていますが、現在のKubernetesは必ずしもDockerを必要としません。Kubernetesがコンテナを扱うためのインターフェイスは、CRI（Container Runtime Interface）として定義されており、このインターフェイスに準拠していればDocker以外のコンテナ技術[注3]も利用可能です。

注1　https://hub.docker.com/

注2　https://github.blog/2020-09-01-introducing-github-container-registry/

注3　そのような「コンテナランタイム」として、CRI-Oなどが挙げられます。http://cri-o.io/

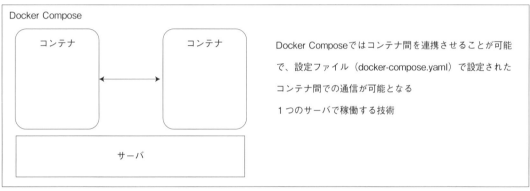

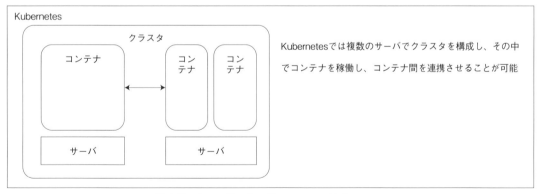

図1 Docker、Docker Compose、Kubernetes

本書の目的

　本書は、このようにして生まれたKubernetesの動作を確認し、読者の方に実感を持ってもらうことを目的としています。すなわち、Kubernetesの詳細、網羅的な設定方法については他書に譲り、利用

者目線で見たときに生じる「こういうときに、Kubernetesはどのように動作するのだろうか」という疑問を解き明かしていくことにします。

とはいえKubernetesは、用語の独特さや、定義をかなり低レベルな部分から書かなければならない点など理解が難しい面があります。Kubernetesの動作を本格的に見ようと思うと、複数のマシンを用意しなければならず、準備のハードルも高いと言えるでしょう。また、複数のリクエストの分散処理や、アプリケーションが異常終了したときの再起動などは、動作が目に見えないため分かりにくくなりがちです。

そこで本書では、最近性能の上がってきたRaspberry Piに目を付けました。Raspberry Piを複数台用意してKubernetesのクラスタを構築し、そこで「目に見えるWebサーバ」を稼動することで、その動作を確認していきます。「目に見えるWebサーバ」はリクエストがあったときにLEDを点滅するため、実際にどのWebサーバでリクエストが処理されているのかが手に取るように分かるようになります。

本書の対象読者

このように、本書ではRaspberry Piを使用し、Kubernetesの動きを確認していきます。しかし、読者は必ずしも自分でRaspberry Piのクラスタを構築する必要はありません。本書では、実際の動作の様子を動画でも確認できるようになっています。

本書の動画はこちらのチャンネルにまとまっています。
QRコードからもアクセス可能です。
https://youtube.com/playlist?list=PLWct7dwPvhYWta9FUiuUmQhe5tAWHND1m

一方で、付録として実際にRaspberry Piでのセットアップに挑戦する方のためのガイドも掲載しています。自分でも試してみたい方はこちらを参考にしてください。本書ではセットアップにはGUIを使わず、ターミナルのみを使用しています。したがって、CUIを用いたLinuxの操作ができることが前提です。また、LEDを点滅させるために簡単な電子回路も作成しますので、回路図に従った配線も必要です。とはいえ回路の構築は基本的にブレッドボードと呼ばれる半田付け不要な部品を使用しますので、間違いなく配線を行うだけですみます。

また、Kubernetesの用語については簡単に解説しながら進めていきますが、まったく使用したことのない方は公式サイトのチュートリアル[注4]や書籍などを通じて学習しておくことをお勧めします。

注4　https://kubernetes.io/ja/docs/tutorials/

本書の構成

　第1章ではKubernetesが提供する機能や基本的なつくりについて紹介します。Kubernetesの用語には難解なものが多いので、特にKubernetesについて詳しくない場合には、一度目を通しておくことをお勧めします。

　第2章ではRaspberry Pi上へのKubernetesのインストール方法について紹介します。本書で使用しているのはRaspberry Piですが、Raspberry PiのOSはDebian系のLinuxですから、ほかのサーバにインストールする際にもここで解説する流れが参考になるはずです。また、アプリケーションのDockerイメージを格納するためのコンテナレジストリもインストールします。そして本書で中心的な役割を果たす「目に見えるWebサーバ」をKubernetes上にインストールします。「目に見えるWebサーバ」はサーバ起動時やアクセスがあった時にLEDを点灯するため、Kubernetesの動作を目で見て実感できるようになります。

　第3章ではKubernetesが提供する障害への対応機能について見ていきます。インフラ、アプリケーションの障害が起きた場合にKubernetesがどういった動作をするのかを観察します。

　第4章ではアプリケーションの更新について見ていきます。新しいアプリケーションの公開は常にさまざまな問題と隣り合わせで、最も緊張する瞬間と言えます。Kubernetesには、こうした更新の際の苦痛をやわらげるためのしくみがいくつか存在します。ここではそうしたしくみの動作を確認していきます。

　第5章では構成の集中管理について見ていきます。アプリケーションの設定や、データベースなどにアクセスするための認証情報を安全に管理する方法を紹介します。

　第6章ではオートスケールの機能について見ていきます。Kubernetesが提供する水平Podオートスケーラの機能の動作を確認します。今回はRaspberry Piを利用するため自動的にサーバ数を増減するオートスケーラの動作を確認することはできませんが、Cluster Autoscalerについてその動作を紹介します。

　第7章ではその他のKubernetesの機能として、定期実行や、状態を持つアプリケーション（データベースなど）の管理について紹介します。データを特定のサーバに格納してしまうと、そのサーバがダウンすれば全面停止してしまうため、一般にはNFSのような共有ストレージを用意して、これを冗長化します。今回はNFSの冗長化までは行いませんが、NFSを導入しKubernetesの永続ボリュームとして利用する方法を紹介します。

　巻末に付録を2つ用意しています。付録Aでは読者のみなさんが自分で挑戦するときのためにRaspberry Piをセットアップする方法について解説しています。実際に本体や周辺機器を入手する際の注意点から、OSの導入方法まで詳細に解説しています。もう一つの付録BはLEDサーバの紹介です。今回は実はLEDの点滅を行うアプリケーションはKubernetesの外で動作しています。その理由、構成方法について解説します。

目次

第 **4** 章 アプリケーションのスムーズな更新 ·········· 79

第 **5** 章 システム構成の集中管理 ························· 99

第 **1** 章

Kubernetesの基礎

　Kubernetesはコンテナを用いて分散環境でアプリケーションを稼動するためのしくみです。一般には複数台のマシンを用意してそこでコンテナを稼動し、さらにその中でアプリケーションを稼動します。「はじめに」で解説した通り、Dockerでは提供するアプリケーションの稼動環境が1つのマシンの中で完結していたのに対し、Kubernetesでは複数のマシンで分散して稼動できます。本章では、こうしたKubernetesの基礎を次の流れで解説します。

　最初にユーザ目線でKubernetesが実現できることを紹介します。例えば障害からの自動復旧や、オートスケールといった機能を紹介します。

　その次にKubernetesで登場する用語、アーキテクチャについて解説します。Kubernetesは用語が独特で、特にPodやサービスといった用語がどういったものかが理解できていないと、その後の解説の理解が難しくなります。ここで用語について理解しておくことが重要です。

　最後に第2章以降で頻繁に使用することになるKubernetesの管理コマンドである`kubeadm`、`kubectl`について、主な機能を紹介します。

Kubernetesで実現できること

　なぜKubernetesが必要になるのでしょうか。Kubernetesが実現する機能を見てみましょう。

コンテナどうしの連携

　なんらかのWebアプリケーションを開発してユーザにサービスを提供する場合、アプリケーションのプログラム自体を動かすためのしくみと、データを保管するためのしくみが最低限必要となることが多いでしょう。そして一般に、「アプリケーション自体」はなんらかのWebアプリケーション稼動のためのミドルウェアの上で稼動し、「データの保管」にはデータベースを用います。

　アプリケーションとデータベースをひとまとめにして1つのコンテナの中で稼動させることも可能ですが、アプリケーションとデータベースは実行するための環境の特性が大きく異なるため、通常はこのような構成はとらずに、別のコンテナで実行します。

　しかしコンテナどうしは分離されていますので、そのままではお互いに通信できません。これではアプリケーションからデータベースにアクセスできなくなってしまいます。もちろん「アプリケーションとデータベースをともにインターネットに公開し、アプリケーションはインターネットを介してデータベースにアクセスする」という方法をとることも技術的には可能です。しかしデータベースはアプリケー

ションからしかアクセスする必要がないものであり、これを不用意にインターネットに公開することは
セキュリティの観点から避けておいたほうが無難です。

　そこでKubernetesはコンテナ間の連携をサポートし、必要なコンテナ間の通信を行えるようにしま
す。これにより無関係なコンテナ間でのネットワークは分離しつつ、必要なコンテナ間の通信のみを許
可することが可能となります。

さまざまな障害への対応

　先述した通り、システムには一般に、アプリケーションとそれを支えるバックエンドとが存在し、代
表的なバックエンドとしてデータを保管する永続化層（通常はデータベース）が挙げられます。こうし
た複数のサーバで構成されるシステムを運用していると、さまざまな障害が発生します。その代表的な
ものを図1.1に示しました。

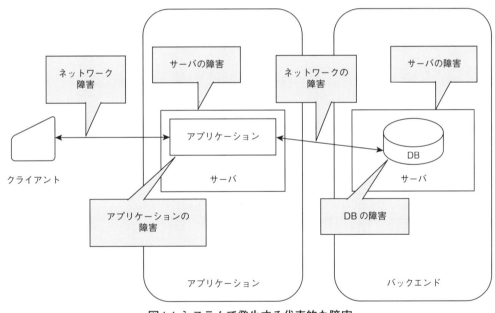

図1.1 システムで発生する代表的な障害

こうしたさまざまな障害を分類すると以下のようになります。

- インフラの障害
  主にハードウェアの自然故障による障害だが、機器のファームウェアの更新や、保守の際の人為的な
  操作ミスによって起きる場合もある。データセンタが自然災害に遭遇した場合には大規模に発生する

可能性がある

- アプリケーションの障害

  アプリケーションの作りや設定に欠陥（バグ）があったり、実際の想定を超えるアクセスが発生した際に起きる。代表的な症状として、突然異常終了する、正しい応答を返さない、応答が遅くなったり応答しなくなったりするといったものが挙げられる

- バックエンドの障害

  アプリケーションを稼動する上で利用するデータベースのようなバックエンドに障害が起きることもある。データベースソフトウェア自体の欠陥、SQLやテーブルの設計に問題があるといったことが原因が考えられる

　以降で解説する通り、Kubernetesはこうした障害に対処します。もちろんアプリケーションやデータベースの欠陥を自動的に直すことは不可能ですが、上に挙げた障害のいくつかはKubernetesのようなオーケストレーション技術による対処が可能です。

インフラ障害への対応

　例えば、あるWebアプリケーションをユーザに提供することになったとします。このためにはなんらかのサーバを用意することになるでしょう。近年であればクラウドを利用することで低価格、短期間でサーバを用意することが可能です。実際にサーバの上でアプリケーションを稼動することは、昔と比べて驚くほど簡単になりました。

　しかし、サーバには常に故障の可能性があります。クラウドのディスクは最低限のRAIDが用いられているケースが多いですが、復旧できないケースもあります（筆者も何度か全損の経験があります）。完全に故障したならまだ分かりやすいのですが、ネットワークが不安定でたまに切れるといったやっかいな障害もあります。そして、「常に起きる」というケースでなければクラウドベンダ側もなかなか対応してくれません。

　このようにサーバが故障したときには、別のサーバに乗り換えることが多いです。しかし、その作業量を前に呆然とした経験を持つ方も多いでしょう。

- OSのインストール
- ミドルウェアなどのインストール
- アプリケーションのインストール
- 各種設定
- データベースのバックアップからの復旧
- IPアドレスが変わったことによるDNSレコードの修正
- アプリケーションの稼動テスト

　一方で、スマートフォンを買い替えたときのことを考えてみてください。今のスマートフォンは驚くほど簡単に環境を移行できます。大抵はアカウント情報だけ設定してやれば、ほぼ自動で移行できるようになっているはずです。サーバもこのようにできないのでしょうか？

　サーバの移行が大変になる理由の1つは、サーバの中に「状態」が存在し、それを「管理されていないやり方で変更」していることです。例えば、以下のようなケースが挙げられます。

- サーバにsshでログインして、/etcの下にある設定ファイルをちょっと変更したり、コンポーネントをインストールしたりという「保守」を日々行っており、過去から現在までいったいどんな作業をしてきたのか、誰も全体を把握できていない
- アプリケーションがサーバ内のファイルになんらかの情報を書いたり読んだりしている
- データベースも同じサーバの中に同居している

　こういったデータが存在していると、旧サーバとそっくり同じものを複製することが困難になってきます。クラウドであればディスクの内容を丸ごとバックアップするしくみを備えているケースも多く、これを使用してバックアップを取ることが可能ではあります。しかし、通常そういったバックアップはクラウドベンダ間で互換性がありませんし、バックアップ取得中はサーバを利用できなくなるので、夜中など使用していない時間帯に実施する必要があり、この間はサーバが使えなくなります。

　インフラのエンジニアは、こういった「管理されていない状態」との格闘を日々強いられ、常にそこからの脱却の道を探していたと言えるでしょう。そういった道の1つとしてコンテナ技術が脚光を浴びているのです。

　アプリケーションをコンテナ上で稼働できるようにすることを「コンテナ化（Containerization）」と呼びます。コンテナ化の重要なポイントは、アプリケーションを稼働環境から分離、パッケージングし、上記のような「管理されていない状態」から分離することにあります。Dockerでアプリケーションを稼働すると、アプリケーションから見れば普通にサーバ上で稼働する場合と同じに見えます。しかし実際には大きな違いがあります。それはコンテナを停止、破棄して再度実行したときに分かります。

- コンテナ内のアプリケーション実行環境を変更（例えばコンポーネントのインストールや/etc下のファイルの更新）したとしても、こうした環境は常にDockerfileで定義された状態に戻る
- アプリケーションがサーバ内のファイルを変更したとしても、それらは全てDockerfileで定義された状態に戻る

　コンテナ化という実行環境を頻繁に生成して破棄するという新しい「常識」を持ち込むことで、実行環境に「状態」を持つことを無効にしてしまったのです。もはやアプリケーションの実行環境は大事に

お守りする対象ではなく、「使い捨て」の消耗品に過ぎなくなりました（**図1.2**）。

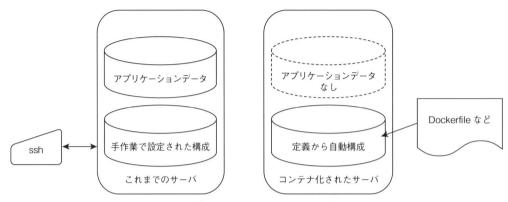

図1.2 アプリケーションをコンテナ化する

　そしてKubernetesでサーバのクラスタを構成しておけば、どれかのサーバが故障したときに、別のサーバを替わりに利用できるようになります。これはアプリケーションがコンテナ化されているおかげです。アプリケーションの稼動環境が事前に定義されていて、サーバの中に「管理されていない状態」を持っていないので、簡単に稼動環境を別のサーバの上に用意することが可能なのです。

　この機能のメリットは何も障害だけに限った話ではありません。例えばサーバの機器の保守をしたいとか、OSへの大規模なパッチあてをしたいときなどに、簡単にアプリケーションを別のサーバに移し替えることが可能です。特定のサーバを切り離した後にじっくりと保守作業を実施できるのです。

アプリケーション障害への対応

　ある程度以上の規模のアプリケーションには必ずバグが潜んでいます。典型的なアプリケーション障害を図1.3に示します。こうした万が一のアプリケーションのダウンに備え、アプリケーションが停止してしまったら再起動する運用をしているケースが多いでしょう。

　Dockerではコンテナを起動する際に`--restart`というオプションを付けることができます。ここに`always`を指定（`--restart=always`）すると、アプリケーションが終了してしまった際に自動で再起動されます[注1]。これはアプリケーションが終了してしまった場合だけでなく、サーバを再起動した場合にも適用されるので、あたかもデーモン化したかのようにアプリケーションを常に動かし続けることが可能になります。

注1　Dockerの再起動ポリシーについて、詳しくは下記を参照してください。
　　　https://docs.docker.jp/engine/reference/run.html#restart

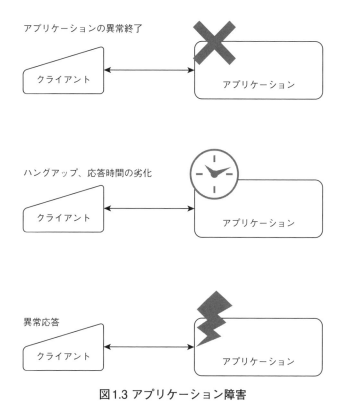

図1.3 アプリケーション障害

　もっとも、実際の運用にあたってこれだけでは不十分です。なぜならアプリケーションの異常状態は、単に終了するケースだけではないからです。よくあるのは「稼動はしているものの正しく機能しない」あるいは「ハングアップする」というケースです。この場合アプリケーションは動き続けているため、上記のしくみでは検出できません。

　Kubernetesも同じようにアプリケーションを監視しており、アプリケーションが終了してしまった場合には自動的に再起動します。そしてそれだけではなく、本書でも解説するプローブというしくみを使うように設定すれば、アプリケーションがリクエストを処理できるかを定期的に監視しており、アプリケーションが正しく動作しなくなったと思われる場合にも再起動します。

バックエンド障害への対応

　アプリケーションは、通常なんらかの外部リソースを使います。多くのケースでなんらかのデータストアが使われているでしょう。あるいは、別のアプリケーションをネットワーク経由で呼び出しているケースもあります。このためアプリケーション自身やそれを載せたコンテナが正常に動作していたとしても、それだけではアプリケーションが正常に機能するには不十分であり、アプリケーションが依存し

ている外部のリソースも含めて正常に稼動していることが必要です（図1.4）。

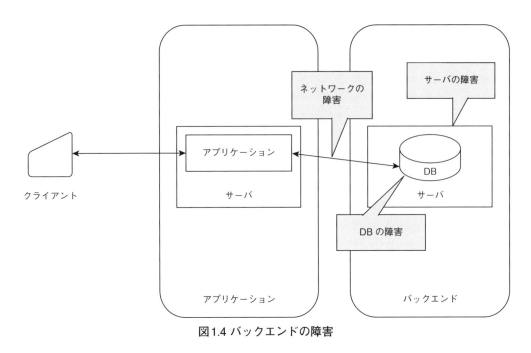

図1.4 バックエンドの障害

　Kubernetesは、定期的にアプリケーションに対して「準備ができているか」を問い合わせるように構成することが可能で、準備ができていないアプリケーションにはリクエストを割り振らないようになっています。これにより一時的にバックエンドにアクセスできない状態になってしまったアプリケーションがあったとしても、ユーザへの影響を最小限にとどめることができます。

　もちろんシステム内に1つしかないデータベース本体に障害が起きている場合、別のアプリケーションに割り振ったところで処理できるとは限りません。それでも、データベースに到達するまでのネットワークの経路障害や、バックエンドへのコネクタに異常があるケースなど（良くあるのがデータベース接続のステール（Stale）状態でしょう）、別のサーバにリクエストを割り振ることで救えるケースもあります。

　また、例えばデータベースとアプリケーションをコンテナで稼動する場合、アプリケーションのコンテナが先に起動する一方、データベースは起動に時間を要するかもしれません。こういうケースでも上記のしくみを利用することで、データベースの準備が完了するまでリクエストを受けないようにできます。

アプリケーションのスムーズな更新

アプリケーションを更新する際、可能であればユーザへのサービス提供を継続したまま行なえることが望ましいでしょう。そうでなければ、ユーザに影響を与えないよう休日や夜中にアプリケーションの更新作業を行わなければならなくなります。

サービスを止めずに更新する方法はいくつかありますが、Kubernetesは標準でローリングアップデートという更新方法を提供しています（**図1.5**）。

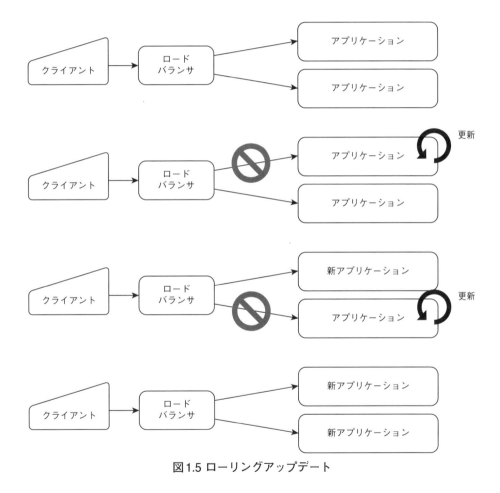

図1.5 ローリングアップデート

2つのコンテナA、Bでアプリケーションが稼動しているとき、まずAへのリクエストの割り振りを停止（＝Bだけでリクエストを処理）したうえで、Aのアプリケーションを更新します。更新が完了したら、Aへのリクエストの割り振りを再開し、同じようにBへのリクエストの割り振りを停止（＝Aだけでリクエストを処理）して、Bのアプリケーションを更新します。

ただし、これには条件があります。更新中は古いアプリケーションと新しいアプリケーションが同居するので、この2つの世代のアプリケーションに互換性がなければいけません（図の例では2つしかコンテナがないため同居することはありませんが、3つ以上存在すると新、旧が同居することになります）。逆に言えば、通常は互換性を維持するようにアプリケーションを開発していくことになります。

もちろん、場合によっては新しいアプリケーションに互換性がないケースもあります。そういう場合のためにKubernetesは「再作成（recreate）」という方法も用意しており、この場合は一度すべてのアプリケーションを停止してから新しいアプリケーションを起動するため、ユーザへのサービスは一度停止するものの新旧アプリケーションが同居して稼動することを避けることが可能です。

システム構成の集中管理

アプリケーションは、コードを変更せずに動作を変えられるよう、設定を持っていることが一般的です。こうした設定はファイルや環境変数を使って提供します。

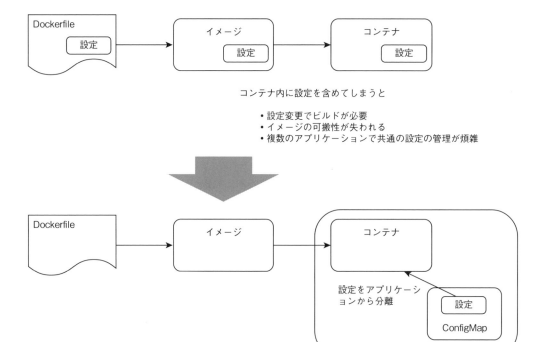

図1.6 設定の集中管理

　例えば、2種類のアプリケーションを稼動する必要があり、その両方が共通の認証システムを使いたいとしましょう。認証システムにアクセスするURLはどうやって与えればよいでしょうか。

　まず考えられるのは、Dockerコンテナのビルド時に共通の設定ファイルを2つのアプリケーションに取り込むようにし、この共通の設定ファイルの中にURLを書いておくという方法です。これは、Dockerfile内で共通の設定ファイルをイメージの中に取り込むようにし、アプリケーションがこの設定ファイルを読むようにすれば実現できます（図1.6上）。

　この方法は単純で分かりやすい反面、欠点もあります。設定ファイルを変更した際にイメージの再作成が必要になるので、反映のためにこの新しいイメージを配らなければいけません。つまりアプリケーションの更新と同じ作業が必要になります。これは対象となるアプリケーションが増えてくれば面倒な作業となるでしょう。また設定がイメージの中に入ってしまっていると、イメージの汎用性がなくなってしまいます。これは特定のユーザ向けにカスタムアプリケーションを開発している場合にはさほど気になりませんが、広く一般に利用されることが期待されるイメージ（例えばアプリケーションサーバのイメージ）では問題です。設定はイメージからは分離して管理できるようにしておく必要があるでしょう。

　Kubernetesにはこうした共通の設定を保管するConfigMapというしくみがあり、キーとバリューのセットで構成を定義できます。ConfigMapは最終的に環境変数にマッピングしたり、コンテナ内のファイルとしてマウントしたりすることが可能で、これによりアプリケーションに設定を提供できます。ConfigMapは複数のアプリケーションで共有できるので、共通の設定を集中管理することが可能となります（図1.6下）。

　なお、パスワードなど機密性の高い設定情報を管理するために、KubernetesはSecretという機能も提供しています。SecretもConfigMapと同様にキーとバリューのセットで構成を定義できます。Secretの情報はセキュリティに配慮して扱われます（例えば、実際のアプリケーションが稼動するサーバに配置される場合、永続的に残らないように一時記憶領域に配置されます）。このため機密性の高い情報を格納するのに適しています。

負荷に応じたオートスケール

　例えば従業員用に社内向けサイトを作る場合、最大アクセス数は大体予想が付きます。少なくとも最大でも従業員数は超えないでしょう。ところが一般公開して不特定多数に提供するサービスは、最大でどのくらいのアクセスがあるかを事前予測することが困難です。余裕を見すぎて大量のサーバを買い込んでもまったくアクセスが来なくて無駄になるかもしれません。

　理想的なのは最小限の規模でサービスを試験的に開始し、アクセス数を見ながらサーバを徐々に増やしていくことです。あるいは人気が無くなってきたらサーバを減らしてコストを削減することです。これは手作業でできないこともありませんが、アクセス数は口コミなどであっという間に急増します。この時に迅速にサーバを増強できないと、ユーザから「遅いサイト」という烙印を押されてしまい、二度とアクセスしてもらえなくなるでしょう。これは重大な機会損失になります。

　近年クラウドが普及したことにより、迅速にサーバを増やしたり、減らしたりということが「人手を介さずに」、つまりクラウドが用意したAPIを用いてできるようになりました。こうしたクラウドの機能とKubernetesとが連携することで、サーバ負荷に応じて自動でサーバ数を増やしたり減らしたりすることが可能です。これをクラスタオートスケーラ（Cluster Autoscaler）と呼びます。現時点ではクラウド側のサーバを増減する機能が十分に標準化されているとは言えない状況のためKubernetesだけでこうした機能を提供することは困難ですが、多くのクラウドベンダがマネージドのKubernetesサービスを用意しており、その中に自動的にサーバ数を増減する機能が含まれています。こうした機能を用いることで手軽に自動的にサーバを増減することが可能となりました。

　視点を社内のサーバに移してみましょう。社内の物理的なサーバは上記のクラウドのケースのようにサーバを迅速に増やしたり減らしたりはできません。発注を行っても、それを納入し設置して稼動可能にするためには膨大な時間（一般には数か月単位の時間）がかかります。それでもサーバの総台数をなるべく減らしてコストを圧縮することは大切です。そして、社内のサーバは多くのケースで特定の業務向けの用途に限定されています。もしも業務B用のサーバがダウンすれば業務Bが止まってしまうので、通常こうしたサーバはそれぞれ個別に冗長化されています（図1.7）。

　業務A用のサーバの資源が逼迫していたら、業務A側のサーバを増強します。仮に業務B側のサーバ資源が空いていたとしてもです。これはちょっとした資源の無駄と言えるでしょう。これを含め、図1.7のように各業務のまとまりごとにサーバを冗長化しているシステム構成には下記のようなデメリットがあります。

- 用途ごとにサーバが決まっているため、サーバ資源を全社視点で最適に活用できない
- 各業務の開発プロジェクトで毎回サーバの冗長化設計が実施されてしまう
- 各業務のサーバごとに運用監視している人員が存在し、ノウハウなどを共用できない

　アプリケーションをコンテナ化し、サーバを業務関係なしにクラスタとして提供する運用にすれば、こうした問題を軽減できます。冗長化はサーバ群全体として考えればよく、アプリケーションはどのサーバでも稼動するため、逼迫した業務に効率的にサーバ資源を提供できます。また、サーバ群を全体として運用、監視すればよいため、運用監視の人員も共通化できます（図1.8）。

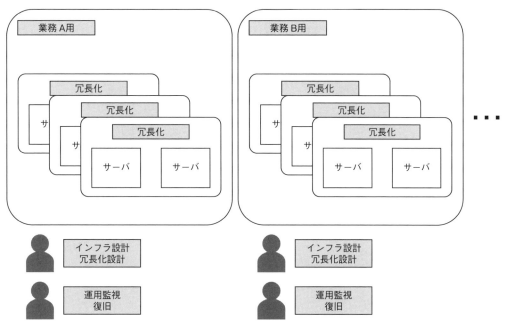

図1.7 典型的な社内システムの基盤

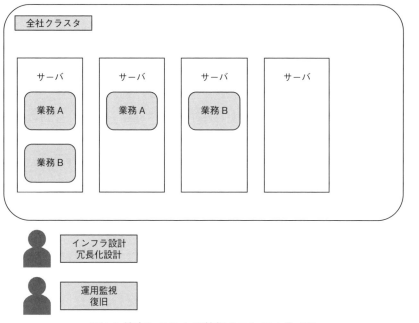

図1.8 社内システムの基盤をコンテナ化する

　サーバの自動増減を実現するクラスタオートスケーラにはサーバの自動増減が必要なため現時点では Kubernetes 単体では実現できないことを上で述べましたが、Kubernetes は標準で水平 Pod オートスケーラ（Horizontal Pod Autoscaler）機能を提供しています。これは負荷に応じて Pod（この後解説します。アプリケーションが実行される単位）を増減する機能です。社内システムのようなケースではこれを活用すれば特定の業務に負荷が集中した場合にも柔軟に対応することが可能です。

定期実行

　ここまではいわゆる「オンライン」アプリケーションを意識してきました。これは例えばWebアプリケーションからのアクセスに対してなんらかの処理を行って結果を返すアプリケーションで、「アクセス」を起点に実行を開始する短命の処理が主体となっています。

　実際のアプリケーションはこれ以外の実行形態を持つものがあります。その1つが定期実行されるアプリケーションです。例えば不特定多数が利用可能な掲示板やチャットのアプリケーションを考えてみましょう。こうしたアプリケーションでは書き込みやユーザが無限に増えていくので、どこかで整理しないとデータ量が無限に増えてしまいます。

　そこで、例えば書き込みを直近1年だけ残して削除したり、一定期間（例えば半年）アクセスのないユーザを削除したりといったやり方で整理を行います。こうした処理を何を「起点」に行うかにはいくつかの方法が考えられますが、簡単なのは「定期的に行う」というやり方です。こうした処理はデータストアにまとまったアクセスを行うことになるので、オンラインアクセスに影響が出ないよう、しばしば夜間に実行されます。このため「夜間バッチ」と呼ばれることがあります。

　Kubernetes は、このように定期的に処理を実行するためのしくみを提供しています。ただし一般に利用される夜間バッチ用のベンダ製品と比較すると機能的には簡素なものなので、Kubernetes で提供されるもので実用になるのかは十分に検討が必要でしょう。

　とはいえコンテナ化の時代となり、冗長性に対する考え方も変わりつつあります。従来のようにサーバが手厚く冗長化された環境を前提とするバッチ処理の考え方も変革を迫られてきています。今後はなるべく簡素な方法で、特にデータストアなどが一時的に障害にあったとしても業務継続可能なように設計していく必要があるでしょう。

Kubernetesの構成要素と全体像

　前節でKubernetesが実現することを概観しましたが、このためにKubernetesが提供すべき機能・対

象は下記の通りまとめられるでしょう。

- コンテナの実行環境
- コンテナどうしのオーケストレーション（連携）
- コンテナを実行するためのインフラのオーケストレーション
- 自己修復（ヘルスチェックなど）
- サービスディスカバリ
- ロードバランサ

　本節では、これらを実現するためにKubernetesがどのような要素を備えているか、そしてそれらがどのように関係して動作しているかを紹介します。

 Kubernetesは OSS によるパーツの組み合わせでできており、自由に拡張することができます。このために Kubernetes は API を提供しますが、これは Kubernetes の最終的なユーザのためにあるものというよりは、Kubernetes を拡張したり Kubernetes 用のツールを開発したりする開発者のためのものです。

Kubernetesの構成要素と用語

　Kubernetesでは、中で動作する要素を「リソース」と呼びます。この「リソース」を含め Kubernetesには独特な用語がいくつかあり、そこの理解が不十分だと本書の内容も理解しづらくなってしまいます。そこで、代表的なものを簡単に解説しておきます。

ノード
　一般に「サーバ」や「マシン」「ホスト」と呼ばれるものをKubernetesでは「ノード」と呼びます。これには仮想マシンとして提供されるケースと、物理的なサーバそのものとして提供されるケースとがあります。そして、ノードには「マスタノード」と「非マスタノード」（今後ワーカノードと呼ぶ場合があります）があります。

　マスタノードではクラスタコントロールプレーンが稼動します。実際にはkube-apiserver、kube-controller-manager、kube-schedulerといったプロセスが実行され、Kubernetesの状態を管理します。kubectlコマンドなどを用いてKubernetesを操作しているとき、実際にはマスタノード上のプロセスと対話をしていることになります。このようにマスタノードは重要な役割を持っているため、冗長化して可用性を高めることが可能です。

　一方の非マスタノードではKubeletとkube-proxyが実行され、マスタノードと通信してアプリケー

ションを実行します。

クラスタ

　個々のノードは故障するケースがあるため、通常は冗長化されます。アプリケーションを稼動する目的で冗長化されたノード群のことを「クラスタ」と呼びます。

名前空間

　Kubernetesでは、1つのクラスタを論理的に分割して複数の仮想クラスタを稼動させることが可能です。この仮想クラスタのことを「名前空間」と呼びます。

　Kubernetesにはkube-systemと呼ばれる名前空間が存在し、ここでKubernetesシステムが管理するためのアプリケーションが実行されます。また、defaultと呼ばれる名前空間もあり、特に何も指定しなければ、ユーザのアプリケーションがこのdefaultという名前空間で実行されます。

　現在どういう名前空間が存在するかは、`kubectl get namespace`で確認可能です。

Pod

　Kubernetesでアプリケーションを実行するための最小の単位が「Pod」です。

　通常はPodには1つのコンテナが含まれていますが、複数持たせることも可能です。また、通常コンテナ間ではネットワークやストレージが分離されますが、同一Pod内のコンテナはこれらを共有します。例えば同一Pod内の複数のコンテナは、localhostを使っておたがいに通信できます。このため同一Pod内のコンテナは緊密に連携することが可能です。

　複数のコンテナを同一Pod内に動作させる用途として、例えばアプリケーションのコンテナと一緒にロギングのコンテナを同一Pod内で実行し、アプリケーションのログをログ管理サーバに配信するといったケースが挙げられます。これはサイドカーパターンと呼ばれます。

コンテナ

　Pod内では「コンテナ」として分離された環境でアプリケーションが実行されます。このためアプリケーションは直接はノードの資源に依存しません。設計上コンテナは「不変」です。アプリケーションがコンテナ内の環境に変更を加えても、それは永続しないので実行を終了した時点で廃棄されます。これによりノードは「使い捨て」の道具に過ぎなくなり、冗長化が容易に実現できます。

　こうしたコンテナの実行を担当するソフトウェアを「コンテナランタイム」と呼びます。代表的なのはDockerですが、「はじめに」でも触れた通り、KubernetesはCRIを満たしていれば他のコンテナラ

ンタイムを利用可能です。

　以上のクラスタ、Pod、コンテナ（コンテナ化されたアプリケーション）の様子を図示したものが
Kubernetes公式サイト[注2]の「Viewing Pods and Nodes」に示されています（**図1.9**）。

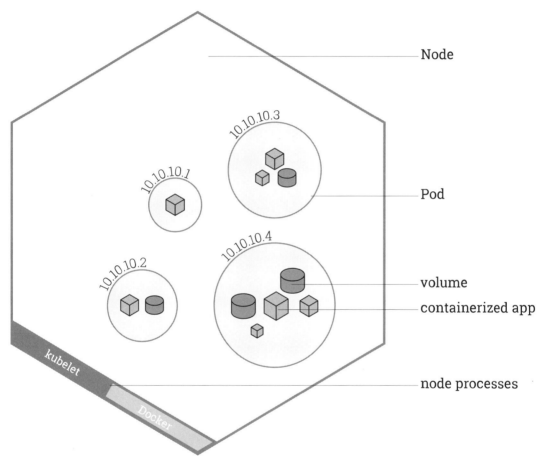

図1.9 Kubernetesのノード、Pod、コンテナ化アプリケーション
(https://kubernetes.io/docs/tutorials/kubernetes-basics/explore/explore-intro/ より引用)

　ここから、以下のことが分かります。

• ノード内で複数のPodが実行される

- Podには個別にIPアドレスが振られる
- Pod内では1つ以上のコンテナ化アプリケーションが実行される

サービス

　1つ以上のPodのセットで実行されている1つのアプリケーションを、使用者側がネットワーク経由で利用できるようにするしくみが「サービス」です。

　各Podがそれぞれ IP アドレスを持つとはいっても、Podはアプリケーションの異常終了、その他の原因で削除されたり再度作成されたりします。そして、このたびにIPアドレスが変わる可能性があります。したがってPodのIPアドレスで接続することは現実的ではありませんし、そもそもPodはコンテナで稼動するのでネットワークが分離されています[注3]。

　そこで、サービスがエンドポイントとなって利用者からのリクエストを受け、Podに割り振ります。これによりアプリケーションのユーザはPodのIPアドレスを意識しなくてよくなるというわけです。

　サービスには「ClusterIP」「NodePort」「LoadBalancer」「ExternalName」という4つのタイプがあります。

　まず、クラスタ内部ネットワークのIPをサービスに割り当てるのがClusterIPです。このサービスはクラスタ内部からしかアクセスできないので、バックエンドのアプリケーションなど、ほかのPodから利用する場合に適しています。このサービスタイプがデフォルトです。

　クラスタを構成する各ノードのIPをサービスに割り当てるのがNodePortです。こうすることで、クラスタ内のどれかのノードにアクセスすることでPodに到達できます。どのノードからもPodに到達できますが、ノードは障害によってクラスタから切り離されることがあるため、一般にはLoadBalancerを用いるのが普通です。

　そのLoadBalancerは、Kubernetesの外にあるロードバランサを使用してサービスを公開します。

　サービスの主目的は上記の通り、論理的なPodのセットへのアクセスの抽象化ですが、Pod以外へのアクセスの抽象化も可能です。例えばサービスに来たアクセスを、Kubernetes外のサーバに割り振ったりすることも可能です。これを実現するのがExternalNameです。一部の機能だけKubernetesの外のサービスを利用したい場合に使用します。

注3　Podに外部から接続するポートフォワードという機能（kubectl port-forward）もありますが、基本は調査やデバッグの時のためのものです。

> 「サービス」という言葉は実にやっかいです。この言葉は、あまりに多くの場面で使用されるため、実際に「サービス」がどういう意味を指しているのかが曖昧になりやすいのです。本節冒頭でも「Webアプリケーションをユーザにサービスする」という表現をしました。Windowsで裏で実行されるアプリケーションも「サービス」と呼ばれます。本書でもKubernetesのサービス以外の意味で「サービス」という言葉を使用する場合、明白に分かるケース以外はできるかぎり注釈を付けるよう注意しています。

デプロイ

　一般にアプリケーションをインストールして使える状態にすることを「デプロイ」と呼びます。Kubernetesの場合にはコンテナの上でアプリケーションを稼動することを指し、Kubernetesの中では「Deployment」と呼ばれます。Kubernetesにデプロイを指示するとKubernetesのマスタはアプリケーションをクラスタ内のノードで実行するようにスケジュールします。

　また、Kubernetesはデプロイで指定されたアプリケーションを常に監視し、異常（ノードの停止、アプリケーションの異常終了など）が発生すると自動的に復旧します。

アーキテクチャ

　続いてはKubernetesのアーキテクチャについて解説します。ここの内容はKubernetesを使用する上で必須の知識というわけではないため読み飛ばしてしまっても構いませんが、中の造りを知っておくことでより深くKubernetesの動作について理解できるでしょう。なおKubernetesの設計、アーキテクチャに関しては「Kubernetes Design and Architecture」[注4]が詳しいため、詳細についてはこの文書を読むとよいでしょう。

　図1.10にKubernetesのアーキテクチャを示します。実行中のKubernetesの構成要素としては以下の2つが挙げられます。またKubernetes内での状態の保持には分散ストレージ（etcd）が使用されています。

- クラスタコントロールプレーン（マスタ）
- Kubernetesノード

クラスタコントロールプレーン（マスタ）

　コントロールプレーンは以下のようなコンポーネントで構成されています。

注4　https://github.com/kubernetes/community/blob/master/contributors/design-proposals/architecture/architecture.md

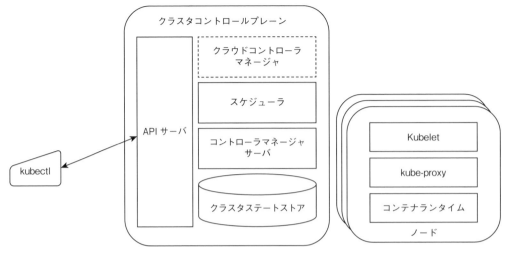

クラスタコントロールプレーン

クラウドコントローラ
マネージャ

スケジューラ

コントローラマネージャ
サーバ

API サーバ

クラスタステートストア

kubectl

Kubelet

kube-proxy

コンテナランタイム

ノード

図1.10 Kubernetesのアーキテクチャ

- API サーバ（kube-apiserver）
- クラスタステートストア（etcd）
- コントローラマネージャサーバ（kube-controller-manager）
- スケジューラ（kube-scheduler）
- クラウドコントローラマネージャ（cloud-controller-manager）

　これらは1つのマスタノードで稼動することもできますし、耐障害性のためにクラスタ上で動かすことも、これら自身をKubernetes上で稼動することも可能です。以下でそれぞれを簡単に紹介します。

　APIサーバ（kube-apiserver）はKubernetesのAPI[注5]を提供します。通常はkubectlやkubeadmといったCLIでKubernetesを制御しますが、これらのツールも最終的にはこのAPIを呼び出しています。したがって、APIを直接呼び出すことでKubernetesの制御アプリケーションを開発することも可能です。これを容易に行うためのクライアント用ライブラリ[注6]も提供されています。APIサーバはクラスタの外からアクセスできるので、クラスタに対する制御のための窓口として機能します。

　クラスタの状態は、クラスタステートストアであるetcdに保管されます。etcdはキーバリュー形式でデータを保持でき、分散ストレージであるためノードの障害などによりデータが失われにくくなっています。

注5　https://kubernetes.io/docs/concepts/overview/kubernetes-api/
注6　https://kubernetes.io/docs/reference/using-api/client-libraries/

コントローラマネージャサーバ（kube-controller-manager）は主にライフサイクルに関する機能（名前空間の作成、ガベージコレクションなど）を実行します。具体的には以下のコントローラが含まれます。

- ノードコントローラ
  ノードに障害が起きた際の通知、対処を行う
- レプリケーションコントローラ
  Podの稼動数の監視、対処を行う
- エンドポイントコントローラ
  サービスとPodを接続する
- サービスアカウントとトークンコントローラ
  新規の名前空間に対してデフォルトアカウント、APIアクセストークンを作成する

Kubernetesではクラスタの中でコンテナを稼動します。スケジューラ（kube-scheduler）はこの際に自動的にコンテナを稼動するホストを選択するのに使われます。また、まだスケジュールされていないPodを把握しノードに紐付けます。このとき、要求されたリソースやサービスの要求、アフィニティといった指定を考慮します。

クラウドコントローラマネージャ（cloud-controller-manager）は、Kubernetesをクラウド上で稼動する際のKubernetesとクラウド間のやりとりを担います。クラウド特有の制御ロジックはここにすべて分離されています。オンプレミスなどでKubernetesを稼動する場合には使用しません。

Kubernetesノード

Kubernetesノードはマスタから制御され、アプリケーションコンテナを実行するために必要となる機能を提供します。以下のようなコンポーネントで構成されます。

- Kubelet
- コンテナランタイム
- kube-proxy

こちらも簡単に解説していきましょう。

まず、KubeletはKubernetesの中で最も重要なコンポーネントの1つです。コンテナの実行に関するPodとノードのAPIを提供します。Pod内のアプリケーションの実行は分離されているため、ほかのPodや実行されているホストには直接アクセスできません。

各ノードではコンテナランタイムが稼動します。ここでアプリケーションのイメージがダウンロードされて実行されます。すでに解説した通りKubernetesとコンテナランタイムは直接は依存しておらず、CRIを通してやりとりします。

本節ですでに述べた通り、KubernetesにおけるPod群へのアクセスはサービスで中継します。この実装において仮想IPが作成され、利用者はここにアクセスするという形をとります。この際各ノードではkube-proxyが実行され、これがiptables（Linux用のファイヤウォール）を構成してサービスのIPへのアクセスを奪い取り、Podに中継します。これにより高い可用性と高パフォーマンスを両立するロードバランサを実現しています。

Kubernetesを制御するコマンド

Kubernetesを制御するうえで使用する主なコマンドには2つあります。1つがkubectlで、もう1つがkubeadmです。kubectlは普段Kubernetesを制御する際に、kubeadmは主にインストールなどの作業を実施する際にそれぞれ使用します。

まずはkubectlです。kubectlにはさまざまな機能がありますが、以下では本書で使用する主な機能を紹介します。

- kubectl apply
最もよく使う機能の1つ。指定されたファイルをもとにリソースの設定変更を行う。すなわち、現在のリソースの状態との差分を計算して指定されたリソースの状態にするために必要な作業を実行する。このため、すでにリソースの状態が指定された状態に一致しているなら何も行わない
- kubectl autoscale
水平オートスケールを設定する。水平オートスケールについては第6章を参照
- kubectl delete
リソースを削除する
- kubectl edit
Kubernetesの構成を変更する場合、通常は定義ファイルを作成してkubectl applyを実行するが、一時的にリソースの状態を変更してみたい場合などは、kubectl editによってその場で変更することも可能
- kubectl exec
実行中のコンテナに対してアドホックにコマンドを実行する
- kubectl get
kubectl getのあとにリソースを指定することで、リソースの状態を取得する。例えばdeploy

を指定するとデプロイの状態、`pod`を指定するとPod、`event`を指定するとKubernetesで発生したイベントを確認できる

- `kubectl logs`
コンテナのログを表示する
- `kubectl port-forward`
ポートフォワードを使用して外からコンテナにアクセス可能とする。本番で使うことはないものの、第8章で解説するような調査・デバッグの際に有用
- `kubectl patch`
パッチの機能を使ってリソースの状態を変更する。対話的にリソースの変更を行える`kubectl edit`に対し、遠隔にいる人に変更を試してもらうような際には`kubectl patch`が有用

Kubernetesで使用するもう1つのコマンドである`kubeadm`は、主にKubernetesをインストールする際に使用するツールです（次章でも`kubeadm`を使用してKubernetesをインストールすることになります）。主要な機能として以下が挙げられます。

- `kubeadm init`
Kubernetesのマスタノードをブートストラップ（初期化）する
- `kubeadm join`
Kubernetesのワーカノードをクラスタに参加させる
- `kubeadm upgrade`
Kubernetesのバージョンをアップグレードする
- `kubeadm config`
Kubernetesの構成を表示したり、新しいバージョン用にマイグレートしたりする
- `kubeadm token`
`kubeadm join`の際に必要となるトークンを管理する
- `kubeadm reset`
`kubeadm init`や`kubeadm join`で行われた変更を元に戻す。原因不明のエラーなどが発生して最初からやり直したいときに使用する
- `kubeadm version`
バージョンを表示する

まとめ

本章では、Kubernetesの基礎について解説しました。

　　まず、ユーザの視点からKubernetesが何を実現するのかを概観しました。Kubernetesを利用すれば、以下のようなことが実現できます。

- コンテナどうしの連携
  分離されたコンテナ間の連携を実現する。解説の順序の都合上、当節では「コンテナ間の連携」と表記したが、厳密には「Pod間の連携」である
- インフラ障害への対応
  アプリケーションをコンテナ化すること、ノード内に管理されていない状態を持たないことにより、ノードに障害があってもほかのノードでPodを稼動することでサービスを継続する
- アプリケーション障害への対応
  アプリケーションが異常終了したりハングしたりした場合に、アプリケーションを起動し直すことでサービスの継続を試みる
- バックエンド障害への対応
  アプリケーション自体が稼動しているPodが正常でも、データベースが稼動しているPodにアクセスできなければ、結果としてユーザにサービスを提供できない。このような場合にPodへアクセスを割り振らないようにして、ユーザへの影響を最小限に留められる
- アプリケーションのスムーズな更新
  標準でローリングアップデートをサポートしており、ユーザへの影響を最小限に留めながらアプリケーションを更新できる。ローリングアップデートでは更新中に複数のバージョンのアプリケーションが同時稼動するため、これらのアプリケーションに互換性がなければならない。最新のアプリケーションと過去のアプリケーションとの間に互換性がないときのために再作成という方法も提供されている
- システム構成の集中管理
  多くのアプリケーションは設定を持ち、アプリケーションコード自体を変更しなくても動作を変更できる。こうした設定をDockerイメージの中に持つと、設定を変更するためにアプリケーションの再デプロイが必要となり効率が悪く、イメージの汎用性もなくなってしまう。Kubernetesでは ConfigMapというしくみで設定を集中管理できる
- 負荷に応じたオートスケール
  アプリケーションをコンテナ化してノードから分離することで、どのノードでも実行可能にできる。これにより限られたサーバ資源の有効な配分を実現する。また、オートスケールの機能を用いることで、特定のアプリケーションへの負荷が集中した場合にも柔軟に対応可能となる
- 定期実行
  Webアプリケーションのような実行形態だけでなく、定期実行（バッチ処理）もサポートしている

　　続いて、Kubernetesの構成要素について解説しました。一般に「サーバ」「マシン」と呼ばれるものをKubernetesでは「ノード」と呼びます。ノードの故障に備え可用性を高めるために、一般にノード

を冗長化します。こうしたノード群を「クラスタ」と呼びます。また、Kubernetesでは1つのクラスタを論理的に分割した、仮想的なクラスタを複数持つことができます。これが「名前空間」です。そして、Kubernetesでアプリケーションを実行するための最小の単位が「Pod」です。Pod内では1つ以上のコンテナを起動してアプリケーションを実行します。

　PodにはそれぞれIPアドレスが振られますが、固定しているものではなく、またコンテナにより分離されているためそのままではアクセスできません。このため「サービス」を使用します。サービスは同じアプリケーションを実行する論理的なPodセットのエンドポイントとして機能し、サービスに到達したリクエストをPod上で稼動するアプリケーションに割り振ります。そして、Kubernetesではアプリケーション実行環境の「あるべき状態」をデプロイメントとして定義してやることで、アプリケーションを実行します。

　さらに、Kubernetesのアーキテクチャについても解説しました。特定の1つ以上のノードでクラスタコントロールプレーン（マスタ）が実行され、ここでクラスタ管理のためのコンポーネントが稼動します。APIサーバはKubernetesを制御するためのAPIを提供します。Kubernetesの状態はクラスタステートストア（etcd）に格納されており、これは分散されているためノード障害などでデータが失われにくくなっています。コントローラマネージャサーバはライフサイクルに関する機能を提供し、スケジューラはコンテナの稼動のスケジューリングを行います。そして、クラウドコントローラマネージャはKubernetesをクラウドで稼動する際に必要となるコンポーネントです。

　個々のノードはこのマスタから制御され、アプリケーションコンテナを実行するために必要な機能を実行します。Kubeletはコンテナ実行のための機能を提供し、コンテナランタイムはコンテナを実行するための環境を提供します。Kubeプロクシはサービスによるネットワークアクセスの中継を行います。

　最後に、Kubernetesでしばしば使用する2つのコマンドであるkubectlとkubeadmを紹介しました。kubectlは普段のKubernetesの制御に、kubeadmは主にインストールの際に使用します。

第 **2** 章

クラスタの準備と
コンテナどうしの連携

本章では以降の実験のためにKubernetesの導入およびクラスタの構築を行います。クラスタは**図2.1**のような構成となります。

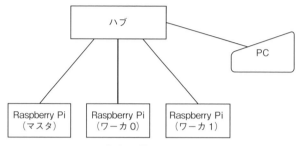

図2.1 本章で構築するクラスタ

クラスタは3台構成とし、1台がマスタノード、残り2台がワーカノードです。また、図中の「ハブ」は付録Aで解説している一般的なスイッチングハブです。PCからはsshで各Raspberry Piに接続します。

各Raspberry Piでは「目に見えるWebサーバ」を起動しますが、このWebサーバにはHubに接続したどの端末からもアクセスできます。実験の際にはまとまったアクセスを行なう必要があるため、ツールを統一しやすいよう、マスタノード上からcurlを使ってアクセスしますが、もちろんPCからアクセスすることも可能です。

なお、使用するRaspberry Piの準備および「目に見えるWebサーバ」については本書の付録を参照してください。

Kubernetesの導入

まずはKubernetesの実際の導入について見ていきます。Kubernetesを使用する場合、大きく分けて以下の2通りのケースが考えられます。

• クラウドベンダによって提供、管理されている（マネージドな）Kubernetes環境を使用する
• 自分でKubernetesを導入して使用する

マネージドなKubernetesを使用すれば、サーバ自体の保守やKubernetesのバージョンアップのような保守作業を任せられます。そのため、特に理由がなければ前者を選択するのが賢明でしょう。実際、自分でKubernetesを導入しなければならなくなるケースは滅多にないはずです。

　しかしセキュリティ上の理由などなんらかの都合で自分でKubernetesを導入しなければならないケースもあるでしょう。本書でもRaspberry Piを使っているため、自分でKubernetesを導入する必要があります。

　手順としては、最初にマスタノードをセットアップしたうえでワーカノードをセットアップします。実際に自分でも導入に挑戦する場合には、「Raspberry Piのセットアップ」を参照してOSの導入まで済ませておいてください。すでにOSの導入まで済ませたRaspberry Piを持っている場合でも、OSのインストールからやり直すことをお勧めします。Raspberry Pi用のKubernetesは、OSの設定をはじめ、カーネルのバージョンやパラメータに敏感なので、ここを間違えていると原因不明のエラーが出てうまくいかないことがあるためです。

本書ではKubernetes v1.21.0を用いて検証しました。Kubernetesは変化が非常に速く、読者のみなさんが試す際にはバージョンが変わっている可能性があります。その場合、本書に書かれている通りの手順を実施しても記載通りに動作しない可能性があります。あらかじめご了承ください。

事前準備

　Kubernetesのインストール前にいくつか事前に作業しておく必要があるため、ここで解説します。

ファイヤウォールの更新

　Kubernetesの実行にあたっては、マスタノードとワーカノードとの間でさまざまな通信が必要となります。このためファイヤウォールがデフォルトのまま稼動していると、動作に支障が出る場合があります。ここでは今回のRaspberry Piでの設定を記載しますが、ほかの環境に自分でKubernetesを導入した場合にうまく動作しなかったら、ファイヤウォールが原因かもしれないことを念頭に置いておくとよいでしょう。

　さて、Raspberry Piの最新のOSでは、ファイヤウォールとしてnftables（iptablesの後継）が使われているのですが、本書執筆時にはKubernetesとの折り合いが悪く正しく動作しませんでした。今回は昔ながらのiptablesを使用します。

　具体的には、以下を実行してiptablesを有効化、設定しましょう。

```
$ sudo update-alternatives --set iptables /usr/sbin/iptables-legacy
$ sudo iptables -P FORWARD ACCEPT
$ sudo apt install netfilter-persistent
$ sudo netfilter-persistent save
```

これをすべてのRaspberry Piで実施してください。

Swapの無効化

続いてはSwapの無効化です。現在のKubernetesはKubeletの実行のためにSwapを無効化する必要があります[注1]。以下を実行してSwapを無効化します。

```
$ sudo systemctl stop dphys-swapfile.service
$ sudo systemctl disable dphys-swapfile.service
$ sudo systemctl daemon-reload
```

これもすべてのRaspberry Piで実施してください。

DockerとKubernetesのインストール

事前準備がすみましたので、すべてのノードで以下の通りDockerとKubernetesをインストールします。

```
$ curl -sSL https://get.docker.com/ | sh
# Executing docker install script, commit: 26ff363bcf3b3f5a00498ac43694bf1c7d9ce16c
Warning: the "docker" command appears to already exist on this system.
...
```

そのうえでpiユーザをdockerグループに追加します。これでpiユーザがdockerコマンドを実行できるようになります。

```
$ sudo usermod -aG docker pi
```

終わったら設定を有効にするため、sshを抜けて（Ctrl+Dで終了できます）入り直します。そしてhello-worldを実行し、Dockerが正しく動作することを確認しましょう。

```
$ docker run hello-world
Unable to find image 'hello-world:latest' locally
latest: Pulling from library/hello-world

...

To try something more ambitious, you can run an Ubuntu container with:
 $ docker run -it ubuntu bash

Share images, automate workflows, and more with a free Docker ID:
 https://hub.docker.com/

For more examples and ideas, visit:
 https://docs.docker.com/get-started/
```

注1　https://kubernetes.io/ja/docs/setup/production-environment/tools/kubeadm/install-kubeadm/

続いてはKubernetesのインストールです。Kubernetesは標準レポジトリに存在しないので、まずソフトウェアレポジトリの登録をしておきます。

```
$ curl -fsSL https://packages.cloud.google.com/apt/doc/apt-key.gpg | sudo apt-key add -
$ echo "deb http://apt.kubernetes.io/ kubernetes-xenial main" | sudo tee /etc/apt/sources.
list.d/kubernetes.list
$ sudo apt-get update
```

レポジトリの登録ができたらKubernetesのインストールを実行します。Kubernetesのバージョン更新が不意に実行されると思わぬ挙動で困ることがあるので、あわせてバージョンを固定しておきます。

```
$ sudo apt-get install kubelet kubeadm kubectl kubernetes-cni -y
$ sudo apt-mark hold kubelet kubeadm kubectl kubernetes-cni
```

以上でインストールまでは終了しました。ここからはマスタノードとワーカノードとで作業が異なります。順番に作業していきましょう。

 マスタノードとワーカノードのKubernetesのバージョンが揃うよう、セットアップはなるべく同時期に実施してください。

マスタノードのセットアップ

まずマスタノードをセットアップしましょう。

クラスタの初期化

まずkubeadmコマンドを使ってクラスタを初期化します（ここで指定している10.244.0.0は固定値です。このまま指定してください）。

```
$ sudo kubeadm init --pod-network-cidr=10.244.0.0/16
```

しばらく実行に時間がかかりますが、完了すると以下のように表示されます。

```
Your Kubernetes control-plane has initialized successfully!

To start using your cluster, you need to run the following as a regular user:

  mkdir -p $HOME/.kube
  sudo cp -i /etc/kubernetes/admin.conf $HOME/.kube/config
  sudo chown $(id -u):$(id -g) $HOME/.kube/config

...

Then you can join any number of worker nodes by running the following on each as root:

kubeadm join 192.168.0.200:6443 --token 901rkg.7752ih7ytr1v5wbi \
    --discovery-token-ca-cert-hash sha256:xxxxxxxxxxxxxxxxxxxxxxxxxxxxxxxxxxxxxxxxx
```

まずは最初に書かれた3行を実行します。これで`kubectl`などの管理コマンドが利用可能になります。

```
$ mkdir -p $HOME/.kube
$ sudo cp -i /etc/kubernetes/admin.conf $HOME/.kube/config
$ sudo chown $(id -u):$(id -g) $HOME/.kube/config
```

また、最後に書かれた`kubeadm join`のコマンドはあとでワーカノードをセットアップする際に必要となるので、メモしておいてください。

Flannelのインストールと動作確認

Kubernetesの稼動には、クラスタネットワークの構築が必要になります[注2]。これを実現する方法はいくつかありますが、今回はFlannel[注3]を使用しましょう。以下でインストールします。

```
$ kubectl apply -f https://raw.githubusercontent.com/coreos/flannel/master/Documentation/
kube-flannel.yml
```

では、マスタノードが動作しているか確認してみましょう。KubernetesはPodでアプリケーションを稼動させますが、それだけでなくKubernetes自体を支える制御プログラムもPod上で稼動します。以下のように実行してみてください[注4]。

```
$ kubectl get pods --all-namespaces
NAMESPACE     NAME                                  READY   STATUS     RESTARTS   AGE
kube-system   coredns-66bff467f8-2g5gs              0/1     Pending    0          12h
kube-system   coredns-66bff467f8-6kvct              0/1     Pending    0          12h
kube-system   etcd-master0                          1/1     Running    0          12h
kube-system   kube-apiserver-master0                1/1     Running    0          12h
kube-system   kube-controller-manager-master0       1/1     Running    0          12h
kube-system   kube-flannel-ds-arm-6xdh6             0/1     Init:0/1   0          9s
kube-system   kube-proxy-99kd2                      1/1     Running    0          12h
kube-system   kube-scheduler-master0                1/1     Running    0          12h
```

`kubectl get pods`というコマンドは稼動しているPodを一覧表示するコマンドです。オプションに`--all-namespaces`を付けることで、アプリケーション用のPodだけでなく、Kubernetesシステム用のPodも表示されます。

結果のNAMESPACEという列がkube-systemとなっているPodがシステム用のPodです。これを見ると、いくつかのSTATUSがPendingになっていることが分かります。Flannelをインストールしてもすぐに使用可能になるわけではなく、少し時間がかかります（おおむね数分程度）。しばらくして

注2　https://kubernetes.io/ja/docs/concepts/cluster-administration/networking/

注3　https://github.com/coreos/flannel

注4　ここでは`--all-namespaces`を指定することですべての名前空間を対象としています。これがないと何も表示されないので注意してください。

からもう一度実行すると以下のように表示が変化することが確認できるでしょう。

```
$ kubectl get pods --all-namespaces
NAMESPACE     NAME                                  READY   STATUS    RESTARTS   AGE
kube-system   coredns-66bff467f8-2g5gs              1/1     Running   0          12h
kube-system   coredns-66bff467f8-6kvct              1/1     Running   0          12h
kube-system   etcd-master0                          1/1     Running   0          12h
kube-system   kube-apiserver-master0                1/1     Running   0          12h
kube-system   kube-controller-manager-master0       1/1     Running   0          12h
kube-system   kube-flannel-ds-arm-6xdh6             1/1     Running   0          4m17s
kube-system   kube-proxy-99kd2                      1/1     Running   0          12h
kube-system   kube-scheduler-master0                1/1     Running   0          12h
```

　ここまででひとまず完了です。一度マスタノードを再起動してKubernetesが自動起動するか見ておきましょう。再起動してしばらくしたら`kubectl get pods --all-namespaces`コマンドでPodの`STATUS`が上で見たように`Running`になることを確認してください。

 　起動中はいくつかのPodの`STATUS`が`Error`になったりしますが、焦らずに10分程度待ってみてください。最終的に`Running`になれば大丈夫です。

nginxの稼働

　稼働確認のため、Webサーバ（nginx）を動かしてみましょう。まずは以下の通りnginxを稼働するためのデプロイを実施します。

```
$ kubectl create deployment nginx --image=nginx
```

　ここでnginxと指定するだけで実行できるのは、nginxが公開Dockerレジストリに存在するためです。詳細はこのあとの「コンテナレジストリの設定」で解説します。

　Kubernetesはこのデプロイ定義に従ってPodを作成します。`kubectl get pods`でPodを見てみましょう。

```
$ kubectl get pods
NAME                    READY   STATUS    RESTARTS   AGE
nginx-f89759699-4gsdj   0/1     Pending   0          37m
```

　Podが起動されて稼働すると、`STATUS`が`Running`に変わるはずです。しかし、このPodはいくら待っても`Pending`から変化しません。

　Podの詳細状況を見るため、`kubectl describe pod`コマンドを使用します。なお、`kubectl describe pod`の後に指定している`nginx-f89759699-4gsdj`は、上の`kubectl get pods`で表示された`NAME`の列の値です。ご自分のRaspberry Piで実行する場合は適宜読み替えてください。

```
$ kubectl describe pod nginx-f89759699-4gsdj
Name:          nginx-f89759699-4gsdj
Namespace:     default
Priority:      0
Node:          <none>
Labels:        app=nginx
...

Events:
  Type     Reason            Age        From               Message
  ----     ------            ---        ----               -------
  Warning  FailedScheduling  <unknown>  default-scheduler  0/1 nodes are available: 1
node(s) had taint {node-role.kubernetes.io/master: }, that the pod didn't tolerate.
  Warning  FailedScheduling  <unknown>  default-scheduler  0/1 nodes are available: 1
node(s) had taint {node-role.kubernetes.io/master: }, that the pod didn't tolerate.
```

　最下行にWarningが表示されています。このtaintは「汚れ」といった意味の語ですが、Kubernetesではなんらかの属性を持たせてPodがノード上で稼働するのを妨げる効果を指します[注5]。今回の場合はセキュリティ上の理由からデフォルトではマスタノードでアプリケーションのPodが稼働しないことを意味しています[注6]。

　今回は実験なので、マスタノードでもアプリケーションを動かせるようにしましょう。まずノード名を確認しておきます。

```
$ kubectl get node
NAME     STATUS  ROLES   AGE  VERSION
master0  Ready   master  13h  v1.18.8
```

　kubectl describe nodeにこのノード名（master0）を指定して詳細を表示します。

```
$ kubectl describe node master0
Name:          master0
Roles:         master
...
CreationTimestamp: Sun, 16 Aug 2020 13:55:52 +0100
Taints:            node-role.kubernetes.io/master:NoSchedule
Unschedulable:     false
```

　Taintsで始まる行があることを確認します。このtaintがあることでPodのスケジューリングが阻まれていました。このtaintを削除しましょう。kubectl taint nodesコマンドでノードのtaintを管理できます。taint名の最後に-を付けることで指定されたtaintの削除を指定できます。

注5　https://kubernetes.io/ja/docs/concepts/scheduling-eviction/taint-and-toleration/
注6　https://kubernetes.io/ja/docs/setup/production-environment/tools/kubeadm/create-cluster-kubeadm/#コントロールプレーンノードの隔離

```
$ kubectl taint nodes master0 node-role.kubernetes.io/master:NoSchedule-
node/master0 untainted
```

再度Podの状況を見てみましょう。

```
$ kubectl get pods
NAME                    READY   STATUS             RESTARTS   AGE
nginx-f89759699-4gsdj   0/1     ContainerCreating  0          51m
```

STATUSがContainerCreatingに変わりました。しばらくするとRunningに変わることも確認できます。これでひとまずコンテナを立ち上げることはできました。

さて、KubernetesではKubernetesの外から直接Podにアクセスすることはできません。「Kubernetesの基礎」でも説明した通り、アクセスできるようにするためにはサービスを作成する必要があります。今回はNodePortを使用することとし、以下のようにサービスを作成します。

```
$ kubectl create service nodeport nginx --tcp=80:80
service/nginx created
```

kubectl get serviceでサービスを確認し、ポートを調べます。

```
$ kubectl get service
NAME        TYPE       CLUSTER-IP   EXTERNAL-IP   PORT(S)        AGE
kubernetes  ClusterIP  10.96.0.1    <none>        443/TCP        13h
nginx       NodePort   10.99.135.6  <none>        80:30311/TCP   2m20s
```

80:30311とあるので、ノード上のポート30311でアクセスできます。

```
$ curl http://localhost:30311
<!DOCTYPE html>
<html>
<head>
<title>Welcome to nginx!</title>
...
<h1>Welcome to nginx!</h1>
<p>If you see this page, the nginx web server is successfully installed and
working. Further configuration is required.</p>

...

</html>
```

正しく動作していることが確認できましたね。確認できたら削除しておきましょう。デプロイを削除すればPodも一緒に削除されるのでデプロイとサービスを削除します。

```
$ kubectl delete deployment nginx
deployment.apps "nginx" deleted

$ kubectl delete service nginx
service "nginx" deleted
```

以上でマスタノードのセットアップは完了です。

ワーカノードのセットアップ

ワーカノードもマスタノード同様にDockerとKubernetesのインストールまでを実施しておきます。以下ではその後のインストール作業について解説します。

まずは、マスタノードのインストールの際に表示されたkubeadm joinコマンドを実行します。表示されたコマンドの頭にsudoを追加する必要があることに注意してください。

```
$ sudo kubeadm join 192.168.0.200:6443 --token xxxx \
  --discovery-token-ca-cert-hash sha256:xxxxxxxxxxxxxxxxxxxxxxxxxxxxxxxx
```

> (!) kubeadm joinで指定しているトークンは一定時間が経過するとセキュリティのため無効になります。もしもマスタノードの設定からワーカノードの設定までに時間を要する場合にはマスタノードでkubeadm token create --print-join-commandを実行してワーカノードを追加するためのコマンドを再生成してください。 また、トークンが失効しているかどうかはkubeadm token listで確認できます。もしもこのコマンドで何も表示されない時はトークンが失効しているので再生成が必要です。

kubeadm joinが成功したら、マスタノード側でワーカノードが追加されていることを確認します。

```
$ kubectl get nodes
NAME       STATUS   ROLES    AGE   VERSION
master0    Ready    master   21h   v1.18.8
worker0    Ready    <none>   78s   v1.18.8
```

worker0の部分のSTATUSがReadyになることを確認します。NotReadyの場合はしばらく（数分程度）待ってみてください。

また、worker1でも同様のインストール作業を行ってクラスタに追加してください。

ノードラベルの設定

最後に、マスタ機とワーカ機を区別できるよう、ノードにラベルを付けておきます。nodeclass

という名前のラベルを作成し、マスタには`master`を、ワーカには`worker`を割り当てます。

```
$ kubectl label node master0 nodeclass=master
node/master0 labeled
$ kubectl label node worker0 nodeclass=worker
node/worker0 labeled
$ kubectl label node worker1 nodeclass=worker
node/worker1 labeled
```

設定されたことを確認しておきましょう。

```
$ kubectl get nodes --show-labels
NAME      STATUS    ROLES                 AGE      VERSION    LABELS
master0   Ready     control-plane,master  6d       v1.21.0    beta.kubernetes.
io/arch=arm,beta.kubernetes.io/os=linux,kubernetes.io/arch=arm,kubernetes.io/
hostname=master0,kubernetes.io/os=linux,node-role.kubernetes.io/control-plane=,node-
role.kubernetes.io/master=,node.kubernetes.io/exclude-from-external-load-
balancers=,nodeclass=master
worker0   Ready     <none>                5d23h    v1.21.0    beta.kubernetes.
io/arch=arm,beta.kubernetes.io/os=linux,kubernetes.io/arch=arm,kubernetes.io/
hostname=worker0,kubernetes.io/os=linux,nodeclass=worker,nodename=worker0
worker1   Ready     <none>                5d23h    v1.21.0    beta.kubernetes.
io/arch=arm,beta.kubernetes.io/os=linux,kubernetes.io/arch=arm,kubernetes.io/
hostname=worker1,kubernetes.io/os=linux,nodeclass=worker,nodename=worker1
```

ちょっと見づらいですが、`LABELS`のところに`nodeclass`が設定されていることが分かります。このラベルは次章以降でノードを見分けるために使用します。

コンテナレジストリの設定

今回はコンテナのランタイムとしてDockerを使用しています。この場合Dockerイメージを配布するために、一般にはDockerイメージレジストリを用います。ここまではnginxを動かすために特にDockerイメージレジストリを必要としませんでしたが、これは公開されたDockerイメージレジストリであるDocker Hubのnginxイメージ[注7]を使用したためです。

もしも自分の作成しているアプリケーションが公開されているアプリケーションなのであれば、イメージも公開してしまうという方法があります。上記のDocker Hubを使えば、自分のDockerイメージを簡単に公開することが可能です。

しかし、公開できない場合はどうすればよいのでしょうか。あるいはセキュリティの制限でインターネットへの接続が制限されている場合もあるでしょう。Dockerイメージレジストリは自分で用意することも可能です。今回は専用のDockerイメージレジストリを用意しましょう。

注7　https://hub.docker.com/_/nginx/

　なお、Dockerイメージレジストリはマスタノードで動かすことにし、HTTPSで暗号化することにします。また、本書では以降、Dockerイメージレジストリのことを単に「レジストリ」と呼ぶことがあります。

TLS証明書の作成

　今回は自分のネットワーク内でだけ利用するので、自己署名証明書を作ることにします。

　まずは、マスタノードで/etc/ssl/openssl.cnfファイルの末尾に以下を追加します。ルート権限が必要なのでエディタ起動の際にsudo指定が必要なことに注意してください。

```
[ v3_ca ]
subjectAltName=IP:192.168.0.200
```

　続いて証明書を作成します。

```
$ cd
$ mkdir certs
$ openssl req -newkey rsa:4096 -nodes -sha256 -keyout certs/domain.key -x509 -days 36500
-out certs/domain.crt
Generating a RSA private key

...

Country Name (2 letter code) [AU]:JP
State or Province Name (full name) [Some-State]:<都市名を入力(例: Tokyo)>
Locality Name (eg, city) []:<市を入力(例: Ota-ku)>
Organization Name (eg, company) [Internet Widgits Pty Ltd]:<組織名を入力(例: Ruimo)>
Organizational Unit Name (eg, section) []:<部署名を入力(例: k8sled)>
Common Name (e.g. server FQDN or YOUR name) []:192.168.0.200
Email Address []:
```

　いくつか証明書に必要な情報を尋ねられます。今回は自己署名証明書なので、厳密に入力する必要はありませんが、Common Nameにマスタ機のIPアドレスを指定することを忘れないでください。-daysオプションに36500を指定しているので、10年間有効な証明書が生成されます。

レジストリのセットアップ

　今回はDockerイメージを格納するレジストリにDocker Registryというプログラムを使用します。このプログラムはコンテナ内での稼働が可能なので、今回もコンテナ内で使用することにしましょう[注8]。

注8　https://hub.docker.com/_/registry

Docker Registryでは認証方法が何種類かサポートされていますが、今回はBASIC認証を使用します。このためにはhtpasswdというコマンドを使うのが簡単です。以前はDocker RegistryのDockerイメージの中にhtpasswdコマンドが入っていたのですが、今は削除されてしまったようなので、以下の通りhttpdイメージを使います。

```
$ cd
$ mkdir auth
$ docker run --rm -it httpd htpasswd -Bbn imageuser <パスワード> >auth/htpasswd
```

ユーザにはimageuserを指定しています。<パスワード>の部分はレジストリ用のパスワードを決めて指定してください。ここまでできたらDocker Registryを起動します。

```
$ cd
$ mkdir registry
$ docker run -d -p 5000:5000 \
 -v $(pwd)/certs:/certs \
 -v $(pwd)/auth:/auth \
 -v $(pwd)/registry:/var/lib/registry \
 -e REGISTRY_HTTP_TLS_CERTIFICATE=/certs/domain.crt \
 -e REGISTRY_HTTP_TLS_KEY=/certs/domain.key \
 -e REGISTRY_AUTH=htpasswd \
 -e REGISTRY_AUTH_HTPASSWD_PATH=/auth/htpasswd \
 -e REGISTRY_AUTH_HTPASSWD_REALM='Registry Realm' \
 --restart=always --name registry registry:2
```

-vオプションはボリューム指定で、ホスト側のファイルシステムをコンテナ側から見えるようにするものです。コンテナではファイルシステムが分離されているため、ボリューム指定がなければコンテナ内からホスト側のファイルを見ることができません。今回は証明書やhtpasswdで作成したファイル、Docker Registryでイメージを格納するディレクトリを指定しています。

また、-eオプションは環境変数の指定です。これによってDocker Registryに設定を行っています。さらに--restart=alwaysオプションを指定することで、Docker Registryが異常終了した場合やRaspberry Pi自体を再起動した際にも自動的にDocker Registryを再起動してくれます。

これでマスタノードのポート5000でレジストリが稼動します。

さらに、今回は自己署名証明書なのでアクセスするにはクライアント側で証明書を信頼する必要があります。Dockerでだけアクセスできればよいので、Dockerにだけ設定しましょう。

```
$ cd
$ sudo mkdir -p /etc/docker/certs.d/192.168.0.200:5000
$ sudo cp certs/domain.crt /etc/docker/certs.d/192.168.0.200:5000/
```

/etc/docker/certs.d/の下に<IPアドレス>:<ポート>という名前でディレクトリを作って

証明書を配置します。これはマスタノードだけでなくワーカノードでも必要ですので、domain.crt
ファイルを一度PC側にコピーしてから、2台のワーカノード機にコピーしましょう。

まず両方のワーカノード機にcertsディレクトリを作っておきます。

```
$ mkdir ~/certs
```

マスタノードからdomain.crtをコピーしてからワーカノードにコピーします。

```
# PCでの操作
$ scp pi@master0:/home/pi/certs/domain.crt .
$ scp domain.crt pi@worker0:/home/pi/certs/
$ scp domain.crt pi@worker1:/home/pi/certs/
```

あとの手順はマスタノードと同じです。各ワーカノードで以下を実行します。

```
$ cd
$ sudo mkdir -p /etc/docker/certs.d/192.168.0.200:5000
$ sudo cp certs/domain.crt /etc/docker/certs.d/192.168.0.200:5000/
```

以上でDocker Registryのセットアップは終了です。

コンテナレジストリの動作確認

レジストリがきちんと動作するかテストしてみましょう。

まずはイメージの登録をしてみます。今回のレジストリは認証ありにしてあるので、最初にログイン
が必要です（以下の操作はどのRaspberry Piでやってもかまいませんが、今回はマスタノードでやっ
ています）。

```
$ docker login 192.168.0.200:5000
Username: imageuser
Password:
```

パスワードには、上で指定したものを入力してください。動作確認で使用したhello-worldイメージ
をレジストリに登録しましょう。

 Dockerインストールの際にhello-worldを使った確認をスキップしてしまうとローカルに
hello-worldイメージが存在しないため、pushが失敗します。一度動作確認をしてください。

```
$ docker tag hello-world 192.168.0.200:5000/hello-world
$ docker push 192.168.0.200:5000/hello-world
The push refers to repository [192.168.0.200:5000/hello-world]
2536d8d4e4b1: Pushed
```

　まずdocker tagでタグ付けをしてからdocker pushでイメージを登録しています。このようにIPアドレスもしくはホスト名とポートをイメージの前に付けることで、レジストリ上のイメージを指定できます。もしもno basic auth credentialsというエラーが表示される場合は、docker loginから実行が時間が経ってログイン情報が失われてしまっていますので、もう一度docker loginを実施してください。

　実行はdocker runで行います。せっかくなのでイメージを登録したRaspberry Piとは別のRaspberry Piで実行してみましょう。最初にdocker loginが必要なのはこれまでと同じです。docker loginを済ませたら以下のように実行してみましょう。

```
$ docker run 192.168.0.200:5000/hello-world
Unable to find image '192.168.0.200:5000/hello-world:latest' locally
latest: Pulling from hello-world
4ee5c797bcd7: Pull complete
Digest: sha256:50b8560ad574c779908da71f7ce370c0a2471c098d44d1c8f6b513c5a55eeeb1
Status: Downloaded newer image for 192.168.0.200:5000/hello-world:latest

Hello from Docker!
This message shows that your installation appears to be working correctly.
...
```

　これでレジストリの動作が確認できました。

「目に見えるWebサーバ」の実行

　次章からKubernetesのさまざまな動作を実際に確認するにあたって、「目に見えるWebサーバ」を作ります。もしもご自分で試される場合には、「LEDサーバの実装」を参照してLEDサーバのセットアップをしておいてください。

　目に見えるWebサーバはリクエストがあるたびにRequest LEDを点滅（ブリンク）させます。また、KubernetesがWebサーバを起動してリクエスト待ちになったことが分かるよう、Webサーバが起動したらOnline LEDをずっと点滅し続けるようにします。これにより、そのRaspberry PiでWebサーバが起動しているかどうかが分かるようになります。

　LEDへの制御はLinuxのFIFOを通して行えるようになっています。つまりWebサーバが起動した

タイミングとアクセスがあったタイミングとで、このFIFOにメッセージを書けばよいことになります。こうしたWebサーバを実装する方法はいくつかありますが、今回はJetty[注9]を使用しました。Jettyは普通のJakartaEE（旧JavaEE）サーバとして動作するモードとは別に、エンベデッドモードがあり、これを使うと独自の挙動を持ったWebサーバを簡単に実装することができます。

動作の確認

それではまず、Raspberry Pi上で（コンテナ内ではなく）直接Webサーバを起動してみましょう。実行モジュールは、筆者サイト[注10]にありますので、このファイルを入手して展開し、bin/rpi-ledを実行します。なお今回のWebサーバのソースコードはGitHubで公開しています[注11]。興味のある方は参照してください。

```
$ cd
$ wget http://static.ruimo.com/release/com/ruimo/rpi-led/1.16/rpi-led-1.16.zip
$ unzip -q rpi-led-1.16.zip
$ rpi-led-1.16/bin/rpi-led
```

以上でWebサーバが起動します。このWebサーバは起動している間は定期的にFIFOにOnlineメッセージを書き続けるので、Online LEDが点滅しはじめるでしょう。

次にPCからブラウザでhttp://192.168.0.200:8080/を開いてみてください。画面にはHello Worldと表示されるはずです。そして、それと同時にRequest LEDが点滅することも確認できるでしょう。プログラムはCtrl+Cで停止できます。

Kubernetes上での稼動

それではいよいよこのWebサーバをKubernetes上で動かすことにしましょう。手順としては以下のようになります。

- Dockerfileを作成して、今回のWebサーバをDocker内で動くようにする
- DockerfileからDockerイメージを作成する
- Kubernetes用のデプロイ定義を作成する
- kubectlコマンドでデプロイ定義を指定してアプリケーションを起動する

今回の作業はマスターノードの中で行います。

注9　https://www.eclipse.org/jetty/

注10　http://static.ruimo.com/release/com/ruimo/rpi-led/1.16/rpi-led-1.16.zip

注11　https://github.com/ruimo/rpi-led

Dockerfileの作成

最初に`Dockerfile`を作成します。

```
# (1)
FROM openjdk:11.0.3-jre-slim
MAINTAINER Shisei Hanai<ruimo.uno@gmail.com>

RUN apt-get update
# (2)
RUN apt-get install unzip
RUN mkdir -p /opt/led
# (3)
ADD rpi-led-*.zip /opt/led
RUN cd /opt/led && \
  cmd=$(basename rpi-led-*.zip .zip) && \
  unzip -q $cmd.zip && \
# (4)
  echo /opt/led/$cmd/bin/rpi-led '$RPI_LED_OPTS' > /opt/led/launch.sh '&' && \
  echo trap '"echo TERM signal detected."' TERM >> /opt/led/launch.sh && \
  echo wait >> /opt/led/launch.sh && \
  chmod +x /opt/led/launch.sh

EXPOSE 8080
ENTRYPOINT ["/bin/bash", "-c", "opt/led/launch.sh"]
```

このDockerfileは先ほど`rpi-led-1.16.zip`をダウンロードしたのと同じディレクトリに置いてください。このDockerfileは大まかには以下のようなことを行っています。

まず、Javaを使用するので(1)でopenjdk 11というDockerイメージを使用しています。また、unzipを使用したいため(2)でインストールしています。(3)でrpi-led-1.16.zipを取り込み、`/opt/led`の下に展開します（ワイルドカードを使用していますので、他に`rpi-led-*.zip`という名前のファイルがないことを確認してください）。そして(4)で`/opt/led/rpi-led-xxx/bin/rpi-led`を実行するようにシェルスクリプト`launch.sh`を作成しています。

なお、Dockerコンテナ内ではデフォルトだとシグナルに対応できないため、`trap`の実行を入れています。これがないと`docker stop`で停止しようとしたときに10秒（デフォルト値）待った後、SIGKILLで強制終了されてしまいます。今回のプログラムでは強制終了されたとしても大きな悪影響はありませんが、SIGTERMで資源の解放などの終了処理を行っているようなプログラムでは、終了処理が実行されないため問題が起きることがあります。

Dockerイメージの生成

次に`docker build`コマンドでDockerイメージを生成します。

```
$ docker build -t k8sled/rpi-led .
Sending build context to Docker daemon  44.75MB
...
Successfully built d376d9f127ba
Successfully tagged k8sled/rpi-led:latest
```

できあがったDockerイメージを`docker images`コマンドで確認しましょう。

```
$ docker images
REPOSITORY                          TAG              IMAGE ID           CREATED
SIZE
k8sled/rpi-led                      latest           d376d9f127ba       4 minutes
ago         244MB
...
```

うまく生成できているようです。

Dockerでの実行

それではDocker上でWebサーバを起動してみましょう。

```
$ docker run --name rpiled -d -p 8080:8080 -v /var/fifo:/var/fifo k8sled/rpi-led
```

ホスト側の`/var/fifo`がDockerコンテナ内のアプリケーションに見えるように、`-v`オプション
を使用したボリューム指定が必要です。これでOnline LEDが点滅を開始します。Raspberry Piの速度
はPCと比べるとかなり遅いので、すぐに動作を開始しなかったとしてもしばらく待ってみてください。

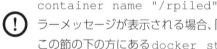

> も し もdocker: Error response from daemon: Conflict. The
> container name "/rpiled" is already in use by containerというエ
> ラーメッセージが表示される場合、「rpiled」という名前のコンテナがすでに存在しています。
> この節の下の方にある`docker stop`と`docker rm`を実行してコンテナの削除を行って
> から、再度`docker run`を実行してみてください。

起動したら、curlでアクセスしてみましょう。

```
$ curl http://localhost:8080
<h1>Hello World</h1>
...
```

Request LEDが点滅することが確認できるはずです。確認できたら終了しましょう。

```
$ docker stop rpiled
$ docker rm rpiled
```

Kubernetesへのデプロイ

Dockerでの動作が確認できたら、最後にKubernetesで動かしてみましょう。

まずレジストリにDockerイメージを登録します。レジストリへのイメージの登録はすでに見た通りです。まず以下の通りログインします。**＜パスワード＞**の部分には先ほどhtpasswdコマンドで設定したパスワードを指定してください。

```
$ docker login 192.168.0.200:5000
Username: imageuser
Password: ＜パスワード＞
WARNING! Your password will be stored unencrypted in /home/pi/.docker/config.json.
Configure a credential helper to remove this warning. See
https://docs.docker.com/engine/reference/commandline/login/#credentials-store

Login Succeeded
```

ログインできたらイメージをpushします。上で作成したk8sled/rpi-ledイメージを登録しましょう。すでにレジストリの解説で見た通り、先に`docker tag`でタグ付けをしてからイメージのpushを実行しています。

```
$ docker tag k8sled/rpi-led:latest 192.168.0.200:5000/k8sled/rpi-led:latest
$ docker push 192.168.0.200:5000/k8sled/rpi-led:latest
The push refers to repository [192.168.0.200:5000/k8sled/rpi-led]
e93e91f0e51c: Pushed
...
latest: digest: sha256:e0357a217c022ce43d85f29fb0a8a15a960b00fd9e7264ab1d264f2dc761f08a
size: 2623
```

Kubernetesからレジストリへのアクセス

あとはこのイメージをKubernetesのデプロイ定義で指定するだけです。

ただ、今回指定したユーザ名とパスワードはデプロイ定義に直接は指定できません。デプロイ定義に直接パスワードを書いてしまうとパスワードが漏洩してしまう恐れがあります。Kubernetesではこういった機密情報をSecretとして扱います。今回もログイン情報をSecretに格納することにします。なおSecretの詳細については「Secretで機密情報を管理する」で解説します。

まず今回のログイン情報をBase64でエンコードします。ログイン情報は~/.docker/config.jsonに格納されています。

```
$ cat ~/.docker/config.json | base64 -w 0
ewoJImF1dGhzIj....
```

次にSecretを作成するために定義ファイルとしてsecret.yamlを作成します。

```
apiVersion: v1
kind: Secret
metadata:
 name: registrypullsecret
data:
 .dockerconfigjson: <Base64エンコードされた認証情報>
type: kubernetes.io/dockerconfigjson
```

kubectl createコマンドを使ってSecretを作成します。

```
$ kubectl create -f secret.yaml
secret/registrypullsecret created
```

Secretができたら、デプロイ定義deploy.yamlを作成します。

```
apiVersion: apps/v1
# (1)
kind: Deployment
metadata:
  name: ledweb-deploy
  labels:
    app: ledweb
spec:
  # (2)
  replicas: 1
  selector:
    matchLabels:
      app: ledweb
  template:
    metadata:
      labels:
        app: ledweb
    spec:
      # (3)
      volumes:
        - name: my-volume
          hostPath:
            path: /var/fifo
      containers:
      - name: ledweb
        # (4)
        image: 192.168.0.200:5000/k8sled/rpi-led:latest
        # (5)
        ports:
        - containerPort: 8080
        # (6)
        volumeMounts:
          - name: my-volume
            mountPath: /var/fifo
      # (7)
      imagePullSecrets:
        - name: registrypullsecret
```

要点を解説していきましょう。

まず、(1)でこのファイルがデプロイ定義であることを示しています。(2)でデプロイ定義に従ってPodをいくつ起動するかを指定します。通常は障害やプログラム入れ替えの際にアプリケーションが使えなくなってしまわないように、複数のPodを起動しておきます。今回はテストなので1を指定して、Podが1つだけ起動するようにしています。そして、(3)でホスト（DockerとKubernetesを実行しているマシン。つまり今回はRaspberry Piのこと）の/var/fifoをマウントしています。

(4)は稼動するアプリケーションのイメージ名です。上でdocker imagesで確認したものです。(5)はアプリケーションがポート8080をリッスンすることを指定しています。そして(6)はPod側のマウント指定です。

最後に、(7)の通りimagePullSecretsに上で作成したSecretの名前を指定しています。imagePullSecretsとcontainersのインデントが同じになるよう注意してください。

/var/fifoが2回出てきて不思議な感じがするかもしれませんが、(3)はホスト側のパスで、(6)はPod内で動作するアプリケーションがアクセスするパスです。これは違う指定も可能で、例えば(3)に/tmp/fifoと書くとPod内のアプリケーションが/var/fifoにアクセスすると、それはホスト側の/tmp/fifoにアクセスすることになります

 本書ではYAMLで階層化された項目を spec.template.spec.containers.image のようにピリオドで区切って表現します。

それでは、このデプロイ定義を反映しましょう。

```
$ kubectl apply -f deploy.yaml
deployment.apps/ledweb-deploy created
```

kubectl get コマンドでデプロイできたことを確認します。

```
$ kubectl get deploy
NAME            READY   UP-TO-DATE   AVAILABLE   AGE
ledweb-deploy   0/1     1            0           7s
```

デプロイができると、Kubernetesはこれに従ってPodを起動します。Podの一覧を見てみましょう。

```
$ kubectl get pods
NAME                          READY   STATUS             RESTARTS   AGE
ledweb-deploy-54fdf87f49-mxwvf 0/1    ContainerCreating  0          76s
```

このように ContainerCreating と表示される場合は、コンテナの作成中です。しばらくすると、以下のように STATUS 列が Running に変わり、LED の点滅が始まるはずです。

```
$ kubectl get pods
NAME                            READY   STATUS    RESTARTS   AGE
ledweb-deploy-867d6d55d5-z85c5  1/1     Running   0          23s
```

以上で Kubernetes 上での動作の確認ができました。

まとめ

本章では Kubernetes の導入を行いました。Kubernetes の導入にあたっては、以下が必要になります。

- Kubernetes 実行のためファイヤウォールの設定変更と Swap の無効化
- コンテナランタイムのインストール（今回は Docker を使用）

まず最初にマスタノードをセットアップしました。クラスタの初期化を実施すると、そのクラスタに参加するためのコマンドが表示されるため、そのコマンドを使ってワーカノードをクラスタに追加します。この際クラスタネットワークを構築するためのコンポーネントが必要になります。今回は Flannel を使用しました。

そして Kubernetes で nginx を稼動しました。このためにまずデプロイ定義を行い、クラスタの外からアクセスできるようサービスを作成しました。デフォルトではマスタノードでアプリケーションのコンテナが起動されないように設定されているため、taint を取り除いて動作するようにしました。

次に、レジストリの立て方を見てきました。ポイントは以下の通りです。

- Docker 上で稼動する Docker Registry を用いれば特別なインストール作業なしにレジストリを稼動させられる
- 内部でのみ使用するレジストリの場合、自己署名証明書を使うことで簡単に伝送路を暗号化できる
- Docker Registry の認証方法の 1 つとして htpasswd が利用できる

認証が必要なレジストリに Docker イメージを登録するには、docker login でログイン情報を設定し、docker tag でタグ付けしたうえで docker push でイメージを登録するという手順をとります。

　また、認証が必要なレジストリ上のDockerイメージを使ってアプリケーションを実行するには`docker login`でログイン情報を設定し、`docker run`でアプリケーションを実行するという手順をとります。

　最後に、以下の3通りの方法で目に見えるWebサーバの稼動を確認しました。

- Raspberry Pi上で直接動作を確認
- Docker上での動作を確認
- Kubernetes上での動作を確認

　Docker上での確認のためには、Dockerfileを作成し、`docker build`でDockerのイメージを作成して、`docker run`で実行する、という手順を踏みました。

　一方Kubernetesでの動作の確認のためには、デプロイ定義をYAMLファイルとして作成し、`kubectl apply`コマンドでデプロイを実行する、という手順を踏みました。

## 第 3 章

さまざまな障害への
対応

　クラスタを構成する理由の1つが障害への対応です。こうした障害として例えば特定のノードの障害、ネットワークの障害といったインフラの障害や、アプリケーションの異常終了などが挙げられます。本章ではさまざまな障害に対するKubernetesの機能について見ていきます。

　まず、ノードの故障が起きた際に、そのノードで稼動していたPodを別のノードで稼動することでPodが維持される動きを確認します。また、実際にWebサーバにクライアントからアクセスし続けながら、クライアント側への影響も確認します。

　次にアプリケーションのバックエンドの障害に対する挙動を確認します。アプリケーションはデータベースのようなほかのコンポーネントに裏でアクセスしている場合が多いので、アプリケーションのPodだけが稼動していてもバックエンドにあるコンポーネントが正常でないと機能しません。わざとバックエンドに障害を発生させ、その挙動を確認します。

　最後にアプリケーションの異常動作に対する挙動を確認します。まず稼動中のアプリケーションが突如終了してしまった時にKubernetesがどのように対応するのかを確認します。次にアプリケーションが正しい応答を返せなくなってしまったときにKubernetesがどのように対応するのかを確認します。

　なお、Kubernetes環境で問題が起きたときに調査・デバッグするための手法について第8章で紹介しています。もしも本章以降の内容を自分で試す際に問題が発生した場合は参照してみてください。

インフラ障害（ノード故障）を検知しPod数を維持する

　本節では、ノードが突然故障したときの様子を見てみましょう。

Pod数の維持

　今回のクラスタは3台構成です。そこで2つのPodを起動しておき、Podがまさに起動しているノードをネットワークから切り離してみましょう。

　まず、すでにデプロイ定義がある場合は先に削除しておきます。以下の例は、`ledweb-deploy`というデプロイ定義が存在していたので削除する例です。

```
$ kubectl get deploy
NAME            READY   UP-TO-DATE   AVAILABLE   AGE
ledweb-deploy   2/2     2            2           7m52s

$ kubectl delete deploy ledweb-deploy
deployment.apps "ledweb-deploy" deleted
```

　このように kubectl get deploy でデプロイ名を確認し、その名前を kubectl delete deploy に指定することでデプロイを削除できます。

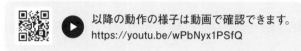

以降の動作の様子は動画で確認できます。
https://youtu.be/wPbNyx1PSfQ

　それではデプロイを定義します。前章で作ったデプロイ定義を用い、replicas は 2 に変更します。これにより Pod が 2 つ起動するようになります。

```
apiVersion: apps/v1
kind: Deployment
metadata:
  name: ledweb-deploy
  labels:
    app: ledweb
spec:
  # (1)
  replicas: 2
  selector:
    matchLabels:
      app: ledweb
  template:
    metadata:
      labels:
        app: ledweb
    spec:
      volumes:
      - name: my-volume
        hostPath:
          path: /var/fifo
      containers:
      - name: ledweb
        image: 192.168.0.200:5000/k8sled/rpi-led:latest
        ports:
        - containerPort: 8080
        volumeMounts:
        - name: my-volume
          mountPath: /var/fifo
      imagePullSecrets:
      - name: registrypullsecret
```

```
       # (2)
       affinity:
         nodeAffinity:
           preferredDuringSchedulingIgnoredDuringExecution:
           - weight: 1
             preference:

               matchExpressions:
               - key: nodeclass
                 operator: In
                 values:
                 - worker
```

　先にも述べた通り、(1)でreplicasを2に変更することで、Podを2つ起動するようにしています。また、(2)ではノードアフィニティ、すなわち優先順位の設定をしています。というのも、今回の構成ではマスタノードのスペックが高いため、そのままだとマスタノードにばかりPodが割り当てられてしまうからです。このためワーカノードを優先するようにアフィニティを指定しています。ここに指定したnodeclassというラベルは前章で設定したものです。

　デプロイ定義を適用しましょう。

```
$ kubectl apply -f deploy.yaml
deployment.apps/ledweb-deploy created
```

　これにより、数分経つとワーカ機の2箇所でOnline LEDが点滅を始めます。もしも2つのLEDが同じノードで点滅してしまったようならデプロイ定義を消してやり直してください。

　デプロイの状態を見ると、READYのところが2/2になっており準備のできたPodが2つあることが分かります（左側が実際のPod数、右側が定義上のPod数を示します）。

```
$ kubectl get deploy
NAME            READY   UP-TO-DATE   AVAILABLE   AGE
ledweb-deploy   2/2     2            2           7m52s
```

　それでは障害を起こしてみましょう。LEDが点滅しているワーカ機にsshでログインし、Kubeletを停止することで擬似的なノードの障害を引き起こします。

```
$ sudo systemctl stop kubelet
```

執筆時点のRaspberry Pi OSには、一度LANケーブルを抜くと再度接続してもリンクが回復しないという問題がありました。このため本書ではKubeletを停止することでノード障害の代わりとしています。もしもこの問題が修正されている場合はLANケーブルを抜くのが簡単でしょう。

これでPodは1つしか存在しないことになります。すぐに代わりのPodが立ち上がるかと思いきや、実際にはなかなか立ち上がりません。

しかし1分ほど経過してからもう一度デプロイの状態を見ると、READYのところが1/2になって準備のできているPodが1つに変化しており、ノードの障害がKubernetesに認識されていることが分かります。

```
$ kubectl get deploy
NAME            READY   UP-TO-DATE   AVAILABLE   AGE
ledweb-deploy   1/2     2            1           2m1s
```

5分くらい待つと、もう1つのPodが立ち上がるのが分かるでしょう。意外に時間がかかります。実際にクライアントからアクセスが来ていたとしたらそれなりに影響がありそうです。続いてはその影響を見てみましょう。

異常ノードの切り離し

先ほどはWebサーバが起動したかどうかだけを見ました。この際、復旧には5分ほどを要しました。今度はWebサーバにリクエストを定期的に行いながら同じことを行って、クライアント側への影響を見てみます。

サービスの作成

まずはPodに外部からアクセスできるよう、サービスを作ります。

```
$ kubectl create service nodeport ledweb --tcp=8080:8080
```

これでサービスができたので、ポートを確認しておきます。

```
$ kubectl get service
NAME         TYPE        CLUSTER-IP     EXTERNAL-IP   PORT(S)          AGE
kubernetes   ClusterIP   10.96.0.1      <none>        443/TCP          19d
ledweb       NodePort    10.109.16.11   <none>        8080:30166/TCP   16d
```

ledwebのPORT(S)の列にある、8080:のうしろの部分がサービスにアクセスするポートになります。今回の場合は、ポート30166でした。実際のポートは環境により異なるので、以下では適宜読み替

えてください。

クライアントの作成

さて、今回は以下のような条件で複数のリクエストを行ってみます。

- 擬似的に30クライアントからリクエストを行うようにして、そのリクエストがどのように扱われるのかを確認する
- 各クライアントは10秒に一度リクエストを行うため、全体としては平均1秒に3回程度のリクエストが来ることになる
- もしもリクエストからの応答に長時間かかる場合は、10秒でタイムアウトして中断し、1秒待ってから同じことを繰り返す

これを実行するプログラムとして、2つのシェルスクリプトを作成しました。

1つ目として、以下のようなシェルスクリプト（loop.sh）をホームディレクトリに作成します。

```
#!/bin/bash

sleep $2 # (1)

while :
do
  date # (2)
  time curl -m 10 $1 # (3)
  if [ $? -eq 0 ];then # (4)
    sleep 10
  else
    sleep 1
  fi
done
```

まず、30クライアントが同時に動くと「30リクエストが押し寄せたあとに10秒待つ」という動作となってしまいリクエストが偏るため、(1)でsleepを入れています。sleepの引数は$2になっているので、このスクリプトに与えた第2引数が使用されます。この値を30クライアントで分散することで時間あたりのリクエスト数を平準化します。

そして、(2)のdateコマンドで現在の時刻を表示しています。(3)のcurlの-m 10というパラメータは、応答が10秒なければタイムアウトとしてエラーにするという意味です。curlのアクセス先は$1すなわちこのスクリプトに与えた第1引数です。(4)は繰り返しまたはリトライの処理です。もしもcurlでエラーが起きなければ10秒待ってから繰り返します。エラーだった際は1秒待ってから繰り返します。

実行できるよう、loop.shのxビットをセットしておきます。

```
$ chmod +x loop.sh
```

次にこのスクリプトを呼び出すスクリプト（start-loop.sh）をホームディレクトリに作成します。

```
#!/bin/sh
seq 1 30 | xargs -t -n 1 -P 30 ./loop.sh $*
```

seqコマンドで1から30を生成し、それをxargsに渡しています。-P 30という指定はプロセスを30個生成して同時実行するという意味です。ここでは ./loop.sh $* が30プロセス生成され同時実行されることになります。また、-n 1という指定は引数を1つ使用するという意味で、今回1から30の30個の引数を渡しているため、30プロセスの最初には1が、次のプロセスには2が……というように30まで順番に渡されます。-tはverbose指定で、実際に実行されるコマンド内容を表示します。$* を渡しているので、start-loop.shに渡した引数はそのままloop.shにも渡されます。

このスクリプトもxビットをセットしておきます。

```
$ chmod +x start-loop.sh
```

ノード障害の検出

それでは前項と同様にサービスのポートを調べて、実際に実行します。

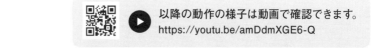
以降の動作の様子は動画で確認できます。
https://youtu.be/amDdmXGE6-Q

```
$ chmod +x start-loop.sh
$ ./start-loop.sh http://192.168.0.200:30166
./loop.sh http://192.168.0.200:30166 1
./loop.sh http://192.168.0.200:30166 2
./loop.sh http://192.168.0.200:30166 3
./loop.sh http://192.168.0.200:30166 4
...
./loop.sh http://192.168.0.200:30166 27
./loop.sh http://192.168.0.200:30166 28
./loop.sh http://192.168.0.200:30166 29
./loop.sh http://192.168.0.200:30166 30
Wed Sep 30 23:17:33 BST 2020
<h1>Hello World</h1>
```

start-loop.shに渡す引数はアクセス先のURLです。マスタノードのIPアドレスと本節の冒頭で作成したサービスのポートを使用します。start-loop.shの中で30のプロセスが生成され、それぞ

れでloop.shが実行されていくことが分かります。

　しばらく経つとRequest LEDが2箇所で点滅するようになります。このLEDはWebサーバにアクセスが来ると点滅するようになっており、リクエストが2つのPodに分散されていることが分かります。通常は複数のノードに分散してPodが配置されますが、うまく分散しなかったらやり直してみてください。やり直す場合はstart-loop.shをCtrl+Cで止め、デプロイ定義を削除して作り直すとよいでしょう。

　このときのRequest LEDの点滅のしかたに注意してください。まず割り振りは2台のノードにかわりばんこ（ラウンドロビン）に行われるのではなく、ランダムに行われていることが分かります。またこのときの点滅周期を覚えておいてください。計算上は、1つのPodあたり1.5秒に1回くらいになるはずです。

　障害を起こしてみましょう。LEDが点滅しているワーカ機でKubeletを停止します。これによりノード障害を擬似的に作り出します。

```
$ sudo systemctl stop kubelet
```

停止されたノードには当然リクエストが届かないので、Request LEDは点滅しなくなります。

　10秒くらい経過すると、start-loop.shの画面にエラーが表示されるようになるでしょう（図3.1）。

```
Wed Sep 30 23:18:09 BST 2020
<h1>Hello World</h1>

real    0m0.075s
user    0m0.041s
sys     0m0.021s
curl: (28) Connection timed out after 10001 milliseconds
```

図3.1 Kubeletを停止して10秒ほど経過するとエラーが表示される

　Kubeletが停止したとしても、Kubernetesはそれを瞬時に検出できるわけではありません。このためリクエストはこれまで通り2つのPodに割り振られます。障害ノードにはリクエストが到達できないためcurlで指定したタイムアウトである10秒経過後にエラーとなります。

　ノードの状態も確認してみましょう。

```
$ kubectl get nodes
NAME       STATUS     ROLES     AGE      VERSION
master0    Ready      master    4d23h    v1.19.4
worker0    Ready      <none>    4d22h    v1.19.4
worker1    Ready      <none>    4d22h    v1.19.4
```

　Kubernetesは、まだノードはすべて生きていると判断しています。このままおよそ1分ほど経過すると、エラーが表示されなくなります（図3.2）。

```
real    0m0.047s
user    0m0.024s
sys     0m0.017s
Wed Sep 30 23:18:57 BST 2020
curl: (28) Connection timed out after 10001 milliseconds
```

図3.2 エラーから1分ほど経過するとエラーが表示されなくなる。これは最後のエラー

　ノード障害がKubernetesに検出され、リクエストが障害ノードには割り振られなくなるためです。このときに`kubectl get deploy`コマンドを確認すると、READYの部分に1/2と表示され、Podが1つしかないことがKubernetesに認識されていることが分かります。

```
$ kubectl get deploy
NAME            READY    UP-TO-DATE    AVAILABLE    AGE
ledweb-deploy   1/2      2             2            15d
```

　ノードの状態も見てみましょう。

```
$ kubectl get nodes
NAME       STATUS     ROLES     AGE      VERSION
master0    Ready      master    4d23h    v1.19.4
worker0    Ready      <none>    4d22h    v1.19.4
worker1    NotReady   <none>    4d22h    v1.19.4
```

　ワーカノード1がNotReadyになっていることが分かります。Request LEDの点滅周期に注意してください。最初のときよりも頻繁に点滅しているのが分かるでしょうか。2台で処理していたリクエストを1台で処理するため、点滅周期は2倍になっているはずです。

障害の復旧
　このまま4分（Kubelet停止から5分）ほど経過すると、別のノードにもう1つのPodが立ち上がりリクエストを処理するようになります。

ここで start-loop.sh の画面を確認してみてください。このときも、ごく短い時間ですがエラーが記録されることが分かります（**図3.3**）。

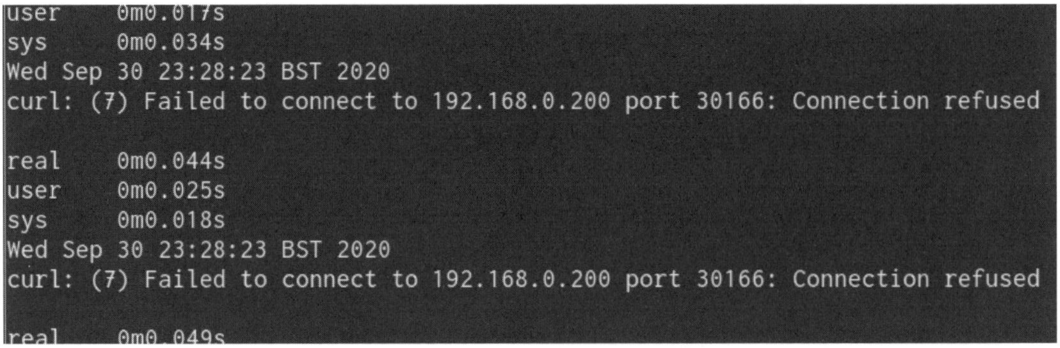

```
user    0m0.017s
sys     0m0.034s
Wed Sep 30 23:28:23 BST 2020
curl: (7) Failed to connect to 192.168.0.200 port 30166: Connection refused

real    0m0.044s
user    0m0.025s
sys     0m0.018s
Wed Sep 30 23:28:23 BST 2020
curl: (7) Failed to connect to 192.168.0.200 port 30166: Connection refused

real    0m0.049s
```

図3.3 新たなPodが起動されてリクエストが処理されるようになるが、その際一瞬エラーになる

以上、全体としては予想通りの動きではありましたが、いくつか発見がありました。

- 2つのPodへの割り振りはかわりばんこ（ラウンドロビン）ではなく、ランダムだった
- Kubeletを停止したからといってKubernetesは障害ノードを即座に検出できるわけではない。この間、運悪く障害ノードにリクエストを振られたクライアントにはエラーが返る
- 障害ノードでもOnline LEDは点滅し続けており、Webサーバは生きているがKubeletが停止しているためアクセスは届かない
- Kubernetesは障害ノードを検出して、リクエストの割り振りをやめるため、ノード障害から1分ほどでエラーから復帰する
- 5分経過するとPodが別ノードで起動してリクエストを処理するようになるが、この際わずかな時間だがエラーが返るリクエストが存在する

ノードに障害が起きた場合、しばらく（今回は5分間）は残りのノードでリクエストをさばかなければなりません。このため「実際のノード数-1」で無理なくリクエストを処理できなければいけないことになります。

Kubeletを起動してみましょう。

```
$ sudo systemctl start kubelet
```

該当ノードのOnline LEDの点滅が止まるのが確認できます（これは予想よりずっと早く、1分もかからずに変化が確認できるでしょう）。ノードがマスタに認識され、現在は不要となったWebサーバが終了させられたことが分かります。

ノードの状態を確認しましょう。

```
$ kubectl get nodes
NAME      STATUS   ROLES    AGE     VERSION
master0   Ready    master   4d23h   v1.19.4
worker0   Ready    <none>   4d22h   v1.19.4
worker1   Ready    <none>   4d22h   v1.19.4
```

すべてのノードがReady状態に復帰していることが分かります。start-loop.shはCtrl+Cで停止できます。

バックエンド障害を検知しリクエストを振り分ける

多くのアプリケーションは、データを保存するためのしくみを持っています。なかでも一般的に用いられるのがデータベース（DB）です。KubernetesでDBを構成する典型的な例を 図3.4 に示します。

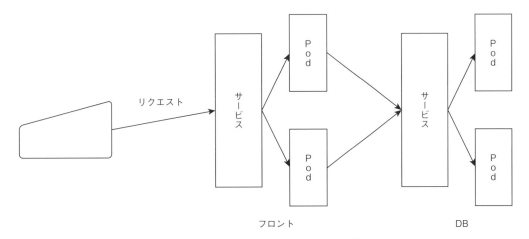

図3.4 バックエンドとしてDBを持つ構成

フロントでリクエストを受け、データへのアクセスのためにフロントからDBのサービスにアクセスしています。このとき、フロントのPodが正常に起動していたとしても「DB側のPodの準備ができていない」「DBのサービスまでの経路のネットワークに障害がある」といったケースでは、フロントのPodは正しくリクエストを処理できないでしょう。後者の「DBのサービスまでの経路に異常がある」ケースであれば（図3.5）、正常な経路を使用して稼動が可能です。すなわち、この図のケースであればフロントの下側のPodでの稼動が継続できます。

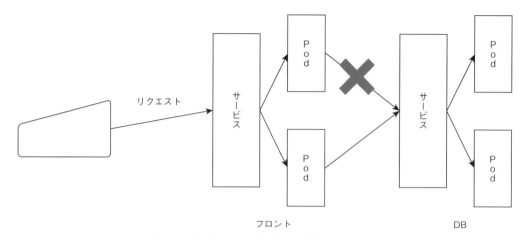

図3.5 バックエンド (DB) への経路のエラー

　そこで登場するのがKubernetesのReadinessプローブです。これによりPodの準備ができているかを確認できます。

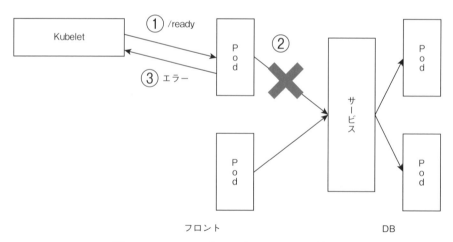

図3.6 Readinessプローブによるエラー検出

図3.6はReadinessプローブの動作を示しています。

1. Kubeletが事前に定義したPodの特定のURLなど（これは事前に定義しておく）にアクセスする
2. Podは自分が使用しているバックエンドへの疎通を確認する
3. バックエンドの疎通に失敗したらエラーを返す

　Readinessプローブでの疎通確認でエラーが確認されたら、KubeletはそのPodへのリクエストの割り振りを停止します。

　プローブがテストを行う方法としては以下の3種類があります[注1]。

- ExecAction
  指定されたコマンドをコンテナの中で実行する。コマンド実行後のステータスコードが0なら成功
- TCPSocketAction
  指定されたポートにTCPのチェックを行って、そのポートが開いていれば成功
- HTTPGetAction
  指定されたポートにHTTPのGETリクエストを行う。ステータスコードが200以上400未満なら成功

　今回の「目に見えるWebサーバ」は/readyへのリクエストに応答するようになっているので、HTTPGetActionを使ってReadinessプローブを構成することにしましょう。

/readyへのリクエスト

　最初に、「目に見えるWebサーバ」の動きを確認しておきましょう。前章の状態から始めます。念のためもう一度デプロイ定義を反映し直しておきましょう。

```
$ kubectl apply -f deploy.yaml
```

　kubectl applyは指定された定義と現在の状態を比較して差分を更新するため、何度実行しても問題ありません。

　続いてPodを確認します。

```
$ kubectl get pods
NAME                            READY   STATUS    RESTARTS   AGE
ledweb-deploy-66466897b6-xzrtg  1/1     Running   0          4m22s
ledweb-deploy-66466897b6-z2hns  1/1     Running   0          4m12s
```

　Podの1つに接続しましょう。なお、以下の$( )の部分は「Podのリストの最初に表示されたPodの名前」を取り出しています（詳細については第8章で解説しています）。

注1　https://kubernetes.io/docs/concepts/workloads/pods/pod-lifecycle/#container-probes

```
$ kubectl exec -it $(kubectl get pod -o jsonpath='{.items[0].metadata.name}') -- bash
root@ledweb-deploy-768895cf4c-mmc2q:/# apt-get update
...
root@ledweb-deploy-66466897b6-4xskx:/# apt install curl
... 途中でY/nを聞かれるのでYを入力
root@ledweb-deploy-66466897b6-4xskx:/# curl -v http://localhost:8080/ready
*    Trying 127.0.0.1...
* TCP_NODELAY set
* Connected to localhost (127.0.0.1) port 8080 (#0)
> GET /ready HTTP/1.1
> Host: localhost:8080
> User-Agent: curl/7.52.1
> Accept: */*
>
< HTTP/1.1 200 OK
< Date: Wed, 09 Dec 2020 23:37:26 GMT
< Content-Length: 6
< Server: Jetty(9.4.31.v20200723)
<
Ready
* Curl_http_done: called premature == 0
* Connection #0 to host localhost left intact
```

　このようにcurlをインストールしてhttp://localhost:8080/readyにアクセスすると、ステータスコードとして200が返り、Readiness LEDが青く光ります。

　そのまま続けて、以下を実行します。

```
root@ledweb-deploy-66466897b6-4xskx:/# curl -X POST http://localhost:8080/
ready?isReady=false
root@ledweb-deploy-66466897b6-4xskx:/# curl -v http://localhost:8080/ready
*    Trying 127.0.0.1...
* TCP_NODELAY set
* Connected to localhost (127.0.0.1) port 8080 (#0)
> GET /ready HTTP/1.1
> Host: localhost:8080
> User-Agent: curl/7.52.1
> Accept: */*
>
< HTTP/1.1 503 Service Unavailable
< Date: Wed, 09 Dec 2020 23:38:09 GMT
< Content-Length: 10
< Server: Jetty(9.4.31.v20200723)
<
Not Ready
* Curl_http_done: called premature == 0
* Connection #0 to host localhost left intact
```

　「目に見えるWebサーバ」では、POSTリクエストでisReadyにfalseが渡されると、その後の/readyへのリクエストにステータスコードとして503を返すようになります。このとき、Readiness LEDは赤く光るようになるはずです。

次の通り`isReady`に`true`を指定すれば、元に戻ってReadiness LEDは青く光るようになります。

```
root@ledweb-deploy-66466897b6-4xskx:/# curl -X POST http://localhost:8080/
ready?isReady=true
root@ledweb-deploy-66466897b6-4xskx:/# curl -v http://localhost:8080/ready
*   Trying 127.0.0.1...
* TCP_NODELAY set
* Connected to localhost (127.0.0.1) port 8080 (#0)
> GET /ready HTTP/1.1
> Host: localhost:8080
> User-Agent: curl/7.52.1
> Accept: */*
>
< HTTP/1.1 200 OK
< Date: Wed, 09 Dec 2020 23:39:51 GMT
< Content-Length: 6
< Server: Jetty(9.4.31.v20200723)
<
Ready
* Curl_http_done: called premature == 0
* Connection #0 to host localhost left intact
```

以上から、「目に見えるWebサーバ」は下記のような仕様になっていることが分かるでしょう。

- Readinessプローブの HTTPGetAction のために /ready を使用できる
- 特定のPod内でcurl を使ってPOSTリクエストを送ることで、準備ができていないことをシミュレートできる

Readinessプローブの構成

それではReadinessプローブを構成しましょう。デプロイ定義として`deploy-wrp.yaml`を作成します。

具体的には、本章の最初に使用した`deploy.yaml`の`spec.template.containers`以下に`readinessProbe`を追加します。

```
apiVersion: apps/v1
kind: Deployment
...
    containers:
    - name: ledweb
      image: 192.168.0.200:5000/k8sled/rpi-led:latest
      ports:
      - containerPort: 8080
      volumeMounts:
```

```
ㄴ
      - name: my-volume
        mountPath: /var/fifo
    readinessProbe:
      # (1)
      httpGet:
        # (2)
        path: /ready
        # (3)
        port: 8080
      # (4)
      initialDelaySeconds: 15
      # (5)
      timeoutSeconds: 3
      # (6)
      failureThreshold: 3
  imagePullSecrets:
    - name: registrypullsecret
```

　プローブにHTTPのGETリクエストを使用するため、(1)で`httpGet`を指定しています。(2)の`path`はその際にアクセスするパス、(3)の`port`はアクセスするポートです。(4)の`initialDelaySeconds`は、プローブが動作を始めるまでに待つ時間です。通常アプリケーションが起動するまでには時間を要するので、それまではプローブが動かないようにしているわけです。

　先述した通りHTTPGetActionではステータスコードが200以上400未満であることを確認しますが、これに加えて(5)で指定した時間応答が返らない場合もタイムアウトとして失敗と見なすよう設定しています。そのうえで、失敗しても(6)の`failureThreshold`の回数までは試行を繰り返し、それでも失敗が続くようであればPodの準備ができていないと判断します。

　なお、こうしたパラメータの詳細は公式ドキュメントの「Liveness Probe、Readiness ProbeおよびStartup Probeを使用する」[注2]を参照してください。

　最後に構成を反映しましょう。

```
$ kubectl apply -f deploy-wrp.yaml
```

　しばらくするとReadiness LEDが10秒間隔で青く光るようになります。

実際の動作を確認する

　それでは実際のReadinessプローブの動作を確認してみることにします。

注2　https://kubernetes.io/ja/docs/tasks/configure-pod-container/configure-liveness-readiness-startup-probes/

　最初に予想を立ててみましょう。以下のような動作イメージでしょうか？

- リクエストを継続的に行う
- 1つのPodでReadinessプローブに失敗を返すように設定する
- 該当Podにリクエストが割り振られなくなることを確認する
- おそらく別のPodが替わりに起動され、そちらでリクエストが処理されるようになる
- Readinessプローブで失敗を返していたPodは削除される

　以下ではこの答え合わせをしていきましょう。

 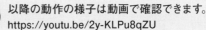
以降の動作の様子は動画で確認できます。
https://youtu.be/2y-KLPu8qZU

　まず、すでにサービスが存在することを確認し、もしないようなら作成しておきます（方法については前節を参照してください）。ここではサービスのポートが32428であったとして話を進めますので、適宜ご自分の環境に合わせてください。

　以下の通りリクエストを開始し、2つのPodのRequest LEDが点滅することを確認します。

```
$ ./start-loop.sh http://192.168.0.200:32428
```

　続いて片方のPodでReadinessプローブに失敗を返すようにしましょう。別のターミナルからsshで接続し、以下を実行します。

```
curl -X POST http://192.168.0.200:32428/ready?isReady=false
```

　これで片方のPodのReadiness LEDが赤で点滅するようになります。ただし、そのPodのRequest LEDが点滅しなくなるまでには数十秒かかります。これはfailureThresholdに3を指定している、すなわち3回失敗するまでは準備ができていないと判定されないためです。

　状況を確認しましょう。

```
$ kubectl get deploy
NAME            READY    UP-TO-DATE    AVAILABLE    AGE
ledweb-deploy   1/2      2             1            11d

$ kubectl get pods
NAME                             READY    STATUS     RESTARTS    AGE
ledweb-deploy-768895cf4c-mmc2q   0/1      Running    0           60m
ledweb-deploy-768895cf4c-nbbtl   1/1      Running    0           60m
```

　READYが1/2になっており、Podも1つが0/1になっていることが分かります。READY状態のPodの
Request LEDは点滅周期が上がっており、すべてのリクエストが1つのPodで処理されていることが分
かります。

　さて、この状況が続くとどうなるでしょうか。

　前節のノード故障の際には5分ほどで代わりのPodが起動しました。ところが今回は待っても替わり
のPodは起動されません。Readinessプローブの失敗が続いても、代わりのPodは起動されないのです。

　どうやら最初の予想は外れたようです。アプリケーションが異常終了したなら代わりのPodが生成さ
れますが、なんらかの原因でアプリケーションが異常な状態に陥ってしまうと、Readinessプローブを
使用しても復旧できないということになります。こうしたケースには次節で紹介するLivenessプロー
ブの使用が必要でしょう。

　それではPodのReadinessプローブへのレスポンスを正常に戻しましょう。

```
$ kubectl get pods
NAME                            READY   STATUS    RESTARTS   AGE
ledweb-deploy-768895cf4c-mmc2q  0/1     Running   0          179m
ledweb-deploy-768895cf4c-nbbtl  1/1     Running   0          179m

$ kubectl exec -it ledweb-deploy-768895cf4c-mmc2q -- bash
root@ledweb-deploy-768895cf4c-mmc2q:/# apt-get update
...
root@ledweb-deploy-768895cf4c-mmc2q:/# apt install curl
...
root@ledweb-deploy-768895cf4c-mmc2q:/# curl -X POST http://localhost:8080/
ready?isReady=true
isReady=true
```

　kubectl get podsで、READYが0/1になっているPodを調べ、そのPodにkubectl execで入っ
てcurlを実行しました。今度はすぐにリクエストが割り振られるようになるはずです。このように、デ
フォルトではReadinessプローブが1度成功すれば、Podが準備できるようになったと判断されます（こ
の設定はsuccessThresholdで変更することもできます）。

障害を起こしたアプリケーションを検知し自動で再起動する

　最後に扱うのはアプリケーションの障害への対応です。アプリケーションの障害の代表的なものとし
て、異常終了してしまったケースと、終了はしないまでも正しく応答を返さなくなったケースを見てい
きましょう。

異常終了したアプリケーションを自動で再起動する

　ある程度の規模のアプリケーションには必ずバグが潜んでいますが、少々のバグでアプリケーションのプロセス自体が異常終了してしまうことはまれでしょう。しかし、そのような可能性は完全にゼロとも言い切れません。

　例えばあるWebアプリケーションにファイルアップロード機能があり、そこに非常に大きなサイズのファイルを連続して送りつけられるケースを考えてみます。通常は一定サイズ以上のファイルはエラーとして受け付けないようにするべきですが、ここにバグがあると無制限に受け付けてしまうかもしれません。もしもアップロードされたファイルをメモリ上に保持していれば、これはメモリの枯渇を生むことになり、アプリケーションがメモリを確保できずに異常終了してしまうかもしれません。あるいはアプリケーションではなく、アプリケーションサーバ自体にバグが潜んでいて、特定の条件で異常終了してしまう可能性もゼロではありません。

　今回の「目に見えるWebサーバ」では、/exitにリクエストを送るとアプリケーションを終了するようになっています。リクエストパラメータrcを指定することも可能で、これにより終了コードを指定できます（省略すると0）。これを利用してアプリケーションが突如終了してしまった場合の挙動を確認しましょう。

以降の動作の様子は動画で確認できます。
https://youtu.be/FrFYouQyKQI

　まずは先ほどと同様、すでにサービスが存在することを確認し、もしもないようなら作成しておきます。ここではサービスのポートが32428であったとして話を進めますので、適宜ご自分の環境に合わせてください。

　そのうえでリクエストを開始します。

```
$ ./start-loop.sh http://192.168.0.200:32428
```

　2つのPodのRequest LEDが点滅することを確認したら、Podの1つを終了させましょう。もう1つのターミナルでssh接続し、以下を実行します。

```
$ curl -X POST http://192.168.0.200:32428/exit?rc=1
curl: (52) Empty reply from server
```

　アプリケーションはレスポンスを返さずに終了してしまうので、curlは応答がないというエラーに

なっています。

　すぐさまPodの状況を確認します。

```
$ kubectl get pods
NAME                              READY   STATUS      RESTARTS   AGE
ledweb-deploy-66466897b6-mnwzv    1/1     Running     0          18m
ledweb-deploy-66466897b6-rnbb4    0/1     Completed   0          18m
```

　STATUSがCompletedになっており、Kubernetesにアプリケーションが終了してしまったことが認識されていることが分かります。また、終了してしまったほうのPodのOnline LEDの点滅も止まります。

　その後、今回はすぐにPodの再起動が行われて、再びOnline LEDが点滅しリクエストが処理されはじめるのが分かるでしょう。ここでもPodの状況を見てみます。

```
$ kubectl get pods
NAME                              READY   STATUS      RESTARTS   AGE
ledweb-deploy-66466897b6-mnwzv    1/1     Running     0          18m
ledweb-deploy-66466897b6-rnbb4    1/1     Running     1          18m
```

　Podの名前には変化がなく、RESTARTSの列が1になったことが分かります。またAGEもこれまで通りで、再起動された場合でも0に戻るわけではないことも分かります。

　このように、アプリケーションが終了してしまった場合であれば比較的迅速に再起動されます。start-loop.shはCtrl+Cで停止してください。

アプリケーションの異常動作を検知し自動で再起動する

　アプリケーションが運用中に（先ほどのように異常終了するのではなく）正しく動作しなくなってしまうケースもあります。

　例えば「メモリリーク」「リソースリーク」という障害があります。アプリケーションが特定の条件下でメモリやDBのコネクションなどを適切に解放せず、それが積もり積もってアプリケーションが利用できるメモリやリソースが減少していく状況です。結果として次第にパフォーマンスが悪くなったり、エラーが返るようになるでしょう。もちろんこうしたケースにはアプリケーションを修正する「根本対応」が必要ですが、残念なことにこのような「リーク」にまつわる障害は見つけることが難しく、修正に手間取るケースが少なくありません。

　このように、アプリケーションが終了はしていないものの、応答速度が劣化したり、正しい応答を返

せなくなってしまった場合のために、KubernetesではLivenessプローブを用いてアプリケーションの生死を監視することができます。以降ではLivenssプローブの動作を見ていきます。

Livenessプローブとは

　Readinessプローブと同様、LivenessプローブはKubeletがコンテナを定期的に監視するしくみです。コンテナの動作を検査する方法はReadinessプローブとまったく同じで、ExecAction、TCPSocketAction、HTTPGetActionの3つが使用できます。ただし、Readinessプローブではコンテナの障害を検知するとそのコンテナへのリクエストの割り振りを停止する一方、Livenessプローブの場合はそのコンテナを再起動します。

　では、ReadinessプローブとLivenessプローブはどのように使い分けるのがよいのでしょうか？

　まず、Readinessプローブは「準備ができているか」を調査するものです。そのため自分が動作するために必要なリソースすべての準備ができていることを確認するように構成します。それは例えばバックエンドのDBだったり、外部の認証システムだったりします。

　一方Livenessプローブは自分自身が正常かどうかを調査するものです。簡単なものでよいのでなんらかの処理を自分の中で行ってみて、正しい結果が返るかどうかをテストするようにします。

　例えばLivenessプローブでデータベースにアクセスしてしまうと、データベースの障害が発生したときに、無用にアプリケーション側のPodが再起動されてしまいます。アプリケーション自体は正常なので、これは無駄な動作と言えます。とはいえアプリケーションからデータベースへの接続（コネクション）が無効（Stale）な状態になっているケースもあり、この場合はアプリケーションの再起動が有効なので一概に無駄とは言えないところが難しい点ではあります。ただし接続が無効な状態になっている状態への対処は一般にはコネクションプール側の機能で対処すべきでしょう。

/okへのリクエスト

　最初に、目に見えるWebサーバの動きを確認しておきましょう。ここでも前章の「「目に見えるWebサーバ」の実行」の状態から始めます。

　まずは念のためもう一度デプロイ定義を反映し直しておきます。kubectl applyは指定された定義と現在の状態を比較して差分を更新するため、何度実行しても問題ありません。

```
$ kubectl apply -f deploy.yaml
```

　Podの状態を確認します。

```
$ kubectl get pods
NAME                             READY   STATUS    RESTARTS   AGE
ledweb-deploy-66466897b6-xzrtg   1/1     Running   0          4m22s
ledweb-deploy-66466897b6-z2hns   1/1     Running   0          4m12s
```

Podの1つに接続しましょう。

```
$ kubectl exec -it $(kubectl get pod -o jsonpath='{.items[0].metadata.name}') -- bash
root@ledweb-deploy-768895cf4c-mmc2q:/# apt-get update
...
root@ledweb-deploy-66466897b6-4xskx:/# apt install curl
... 途中でY/nを聞かれるのでYを入力
root@ledweb-deploy-66466897b6-4xskx:/# curl -v http://localhost:8080/ok
*   Trying 127.0.0.1...
* TCP_NODELAY set
* Connected to localhost (127.0.0.1) port 8080 (#0)
> GET /ok HTTP/1.1
> Host: localhost:8080
> User-Agent: curl/7.52.1
> Accept: */*
>
< HTTP/1.1 200 OK
< Date: Mon, 14 Dec 2020 07:35:39 GMT
< Content-Length: 3
< Server: Jetty(9.4.31.v20200723)
<
Ok
* Curl_http_done: called premature == 0
* Connection #0 to host localhost left intact
```

　このようにcurlをインストールしてhttp://localhost:8080/okにアクセスすると、ステータスコードとして200が返り、Readiness LEDが緑に光ります。

　そのまま続けて、以下を実行してみてください。

```
root@ledweb-deploy-66466897b6-4xskx:/# curl -X POST http://localhost:8080/ok?isOk=false
root@ledweb-deploy-66466897b6-4xskx:/# curl -v http://localhost:8080/ok
*   Trying 127.0.0.1...
* TCP_NODELAY set
* Connected to localhost (127.0.0.1) port 8080 (#0)
> GET /ok HTTP/1.1
> Host: localhost:8080
> User-Agent: curl/7.52.1
> Accept: */*
>
< HTTP/1.1 503 Service Unavailable
< Date: Mon, 14 Dec 2020 07:52:28 GMT
< Content-Length: 3
< Server: Jetty(9.4.31.v20200723)
<
```

```
⌐
NG
* Curl_http_done: called premature == 0
* Connection #0 to host localhost left intact
```

POSTリクエストで`isOk`に`false`を渡すと、その後の`/ok`のリクエストにはステータスコードとして503が返るようになります。Liveness LEDは赤く光るようになったと思います。

次の通り`isReady`に`true`を指定すれば、元に戻ってReadiness LEDは青く光るようになります。

```
root@ledweb-deploy-66466897b6-4xskx:/# curl -X POST http://localhost:8080/ok?isOk=true
root@ledweb-deploy-66466897b6-4xskx:/# curl -v http://localhost:8080/ok
*   Trying 127.0.0.1...
* TCP_NODELAY set
* Connected to localhost (127.0.0.1) port 8080 (#0)
> GET /ok HTTP/1.1
> Host: localhost:8080
> User-Agent: curl/7.52.1
> Accept: */*
>
< HTTP/1.1 200 OK
< Date: Mon, 14 Dec 2020 07:53:23 GMT
< Content-Length: 3
< Server: Jetty(9.4.31.v20200723)
<
Ok
* Curl_http_done: called premature == 0
* Connection #0 to host localhost left intact
```

すでにお察しの通り、Livenessプローブがアプリケーションのテストをする方法は「バックエンド障害を検知しリクエストを振り分ける」で解説したReadinessプローブの方法と同一です。

- Livenessプローブの HTTPGetAction のために /ok を使用できる
- 特定の Pod 内に POST リクエストを送ることで、アプリケーションが正しく動作しなくなったことをシミュレートできる

3.3.2.3. Liveness プローブの構成

それでは Liveness プローブを構成しましょう。デプロイ定義として`deploy-wlp.yaml`を作成します。

具体的には、本章の最初に使用した`deploy.yaml`の`spec.template.spec.containers`以下に`libnessProbe`を追加します（この定義では合わせて Readiness プローブも構成しています）。

```
apiVersion: apps/v1
kind: Deployment
...
    containers:
    - name: ledweb
      image: 192.168.0.200:5000/k8sled/rpi-led:latest
      ports:
      - containerPort: 8080
      volumeMounts:
        - name: my-volume
          mountPath: /var/fifo
      readinessProbe:
        httpGet:
          path: /ready
          port: 8080
        initialDelaySeconds: 15
        timeoutSeconds: 3
        failureThreshold: 3
      livenessProbe:
        # (1)
        httpGet:
          # (2)
          path: /ok
          # (3)
          port: 8080
        # (4)
        initialDelaySeconds: 15
        # (5)
        timeoutSeconds: 3
        # (6)
        failureThreshold: 3
    imagePullSecrets:
      - name: registrypullsecret
```

設定しているパラメータはReadinessプローブの際とほぼ同様です。

　プローブにHTTPのGETリクエストを使用するため、(1)でhttpGetを指定しています。(2)のpathはプローブでアクセスするパス、(3)のportはアクセスするポートです。(4)のinitialDelaySecondsは、プローブが動作を始めるまでに最初に待つ時間です。通常アプリケーションが起動するまでには時間を要するので、それまではプローブが動かないようにしているわけです。

　HTTPGetActionではステータスコードが200以上400未満であることを確認しますが、これに加えて(5)で指定した時間応答が返らない場合もタイムアウトとして失敗と見なすよう設定しています。そのうえで、失敗しても(6)のfailureThresholdの回数までは試行を繰り返し、それでも失敗が続くようであればPodが正常に動作していないと判断します。

　最後に構成を反映しましょう。

```
$ kubectl apply -f deploy-wlp.yaml
```

しばらくすると Liveness LED が10秒間隔で緑に光るようになります。

実際の動作を確認する

それでは実際の Liveness プローブの動作を確認してみることにします。

最初に予想を立ててみましょう。以下のような動作イメージでしょうか?

- リクエストを継続的に行う
- 1つの Pod で Liveness プローブに失敗を返すように設定する
- 該当 Pod にリクエストが割り振られなくなることを確認する
- おそらく別の Pod が替わりに起動され、そちらでリクエストが処理されるようになる
- Liveness プローブで失敗を返していた Pod は削除される

以下ではこの答え合わせをしていきましょう。

以降の動作の様子は動画で確認できます。
https://youtu.be/U6kux1RGIfg

まず、すでにサービスが存在することを確認し、もしもないようなら作成しておきます(方法については「異常ノードの切り離し」を参照してください)。ここではサービスのポートが32428であったとして話を進めますので、適宜ご自分の環境に合わせてください。

以下の通りリクエストを開始し、2つの Pod の Request LED が点滅することを確認します。

```
$ ./start-loop.sh http://192.168.0.200:32428
```

続いて片方の Pod で Liveness プローブに失敗を返すようにしましょう。別のターミナルから ssh で接続し、以下を実行します。

```
$ curl -X POST http://192.168.0.200:32428/ok?isOk=false
```

これで片方の Pod の Liveness LED が赤で点滅するようになります。その Pod の Request LED が点滅しなくなるまでには数十秒かかります。これは failureThreshold に3を指定している、すなわち3回失敗するまでは正常に動作していないと判定されないためです。

状況を確認しましょう。

```
$ kubectl get pods
NAME                               READY    STATUS     RESTARTS    AGE
ledweb-deploy-66cb86bfd5-74kx9     1/1      Running    0           14m
ledweb-deploy-66cb86bfd5-9sdsb     0/1      Running    1           14m
```

1つのPodのREADYが0/1になっていることが分かります。

さて、この状況が続くとどうなるでしょうか。

「バックエンド障害を検知しリクエストを振り分ける」で見たように、Readinessプローブのケースでは、失敗が続いてもPodの再作成は行われませんでした。ところが今回は数十秒経過するとPodが再起動されることが分かります。

```
$ kubectl get pods
NAME                               READY    STATUS     RESTARTS    AGE
ledweb-deploy-66cb86bfd5-74kx9     1/1      Running    0           14m
ledweb-deploy-66cb86bfd5-9sdsb     1/1      Running    1           14m
```

今回も予想は少し外れてしまいました。RESTARTSの列が1になっています。別のPodが起動するのではなく同じPodが再起動されたわけです。Podの名前も変わっていないことが分かります。

ただし、Readinessプローブの場合とは異なり、すぐにPodの再起動が行われたことも分かりました。Livenessプローブを用いることで正しく動作しなくなったアプリケーションをすみやかに復旧できるわけです。start-loop.shはCtrl+Cで停止してください。

なお、Livenessプローブでアプリケーションをテストする際に、どのくらい「重い」機能を実行するかは検討が必要です。定期的に実行されるので、あまり「重い」機能を実行すると負荷がかかりますし、あまりに軽微な機能だと障害を検知できない可能性があります。実際のアプリケーションの特性に応じて検討する必要があるでしょう。

まとめ

本章ではさまざまな障害に対するKubernetesの動作について確認しました。

まず、インフラやバックエンドの障害については次の通りまとめられます。

• ネットワークの障害などにより、Podの数が設定値よりも少なくなると、自動的に正常なノードに

代わりのPodが起動される

- Podの異常検出はデフォルトで1分ほどで、代わりのPodが起動されるまでにはデフォルトで5分ほどかかる
- アプリケーションのバックエンドが異常な場合にリクエストが割り振られないよう、Readinessプローブを構成できる
- Readinessプローブの検出方法には、ExecAction、TCPSocketAction、HTTPGetActionの3種類がある
- Readinessプローブがアプリケーションを調査する間隔はデフォルトで10秒
- Readinessプローブはデフォルトでは3回失敗すると、そのPodへのリクエストの割り振りを停止する
- Readinessプローブが失敗を長時間返し続けても代わりのPodは作成されない
- Kubernetesを用いることで障害に対応できるが、Podの個数は余裕を見ておかなければならない

また、アプリケーションの障害に対するKubernetesの動作については以下の通りまとめられます。

- アプリケーションが終了してしまった場合、Kubernetesはそれをただちに検知して再起動する
- 「アプリケーションは稼動し続けているが、正しく動作しなくなってしまった」というケースのためにLivenessプローブがある
- Livenessプローブの検出方法には、ExecAction、TCPSocketAction、HTTPGetActionの3種類がある
- Livenessプローブがアプリケーションを調査する間隔はデフォルトで10秒
- Livenessプローブはデフォルトでは3回失敗すると、そのPodを再起動する

## 第 4 章

アプリケーションの
スムーズな更新

　アプリケーションは日々改善され更新されていきます。それは新たな機能の追加だったり、バグの修正だったりするでしょう。そして、このようなアプリケーションの更新の際にはいろいろと考慮しなければならないことがあります。

　まず、アプリケーションを新しいものに入れ替えた際に致命的な問題が見つかり、切り戻さなければならなくなるかもしれません。したがって、万が一のため前のアプリケーションを保管しておき、いざという時には元に戻せるようにしておく必要があります。

　あるいは、アプリケーションの入れ替えでデータベースの構造が変わるため、データの移行をしなければならなくなるかもしれません。アプリケーションの更新の際には一般に、古いアプリケーションと互換性を保つように注意しますが、場合によっては更新によって互換性がなくなるケースもあります。特にデータベースのデータの持ち方が変更になるような場合は、アプリケーションの更新と合わせてテーブルの設計変更や、データの移行といった作業が必要になります。

　本章では、こうしたアプリケーションの更新の際に考慮しなければならない点に対して利用可能なKubernetesの機能を見ていきます。

アプリケーションをバージョン管理する

　通常アプリケーションにはバージョンを付与して、これを利用して変更・リリースを管理します。冒頭で「アプリケーションを入れ替えたものの致命的な問題があって切り戻さなければならなくなったという話をしましたが、この際アプリケーションにバージョンが付与されていれば、バージョンを指定してデプロイし直すことで古いアプリケーションに戻すことができるでしょう。

　こうした目的のために、Dockerイメージのタグを利用できます。第2章でKubernetesにアプリケーションをデプロイする際にdeploy.yamlというファイルでDockerイメージを指定しました。

```
containers:
- name: ledweb
  image: 192.168.0.200:5000/k8sled/rpi-led:latest
```

　このlatestという部分がDockerイメージのタグで、通常、これをDockerイメージのバージョンとして利用します。docker buildを実行するときにタグの指定を省略すると、タグとしてlatestが付与されます。

　また、このタグは docker images コマンドのTAG列でも確認できます。これまではタグを省略し

ていたので、既存のイメージには latest がタグとして使用されていることが分かります。

```
$ docker images
REPOSITORY                              TAG        IMAGE ID        CREATED        SIZE
192.168.0.200:5000/k8sled/rpi-led       latest     8ad32b493389    4 weeks ago    244MB
k8sled/rpi-led                          latest     8ad32b493389    4 weeks ago    244MB
```

今回の「目に見えるWebサーバ」がrpi-led-1.16.zipという名前だったのは覚えているでしょうか？ この1.16がアプリケーションのバージョンです。Dockerイメージのバージョンとアプリケーションのバージョンは別に管理することも可能ですが、一般には同じものにしておくほうが単純で分かりやすいでしょう。

それではアプリケーションに合わせて、バージョン1.16のDockerイメージを作りましょう。rpi-led-1.16.zipをもし消してしまっていた場合は、第2章を参照して再度入手しておいてください。

まず、docker buildコマンドでDockerイメージを生成します。このとき、イメージのバージョンを指定します。

```
$ docker build -t k8sled/rpi-led:1.16 .
Sending build context to Docker daemon    141MB
...
Successfully built 7b072fd2140e
Successfully tagged k8sled/rpi-led:1.16
```

Dockerイメージを確認してみましょう。

```
$ docker images
REPOSITORY                              TAG        IMAGE ID        CREATED         SIZE
k8sled/rpi-led                          1.16       7b072fd2140e    39 seconds ago  244MB
192.168.0.200:5000/k8sled/rpi-led       latest     8ad32b493389    4 weeks ago     244MB
k8sled/rpi-led                          latest     8ad32b493389    4 weeks ago     244MB
```

TAG列が1.16となっているイメージができたことが分かります。

レジストリにイメージをpushしましょう。

```
$ docker tag k8sled/rpi-led:1.16 192.168.0.200:5000/k8sled/rpi-led:1.16
$ docker push 192.168.0.200:5000/k8sled/rpi-led:1.16
The push refers to repository [192.168.0.200:5000/k8sled/rpi-led]
fadf6b099a08: Pushed
...
1.16: digest: sha256:0cb21af66ac873380b83b791aed6498652e8fb9192fc85d10286b7c5a76ef3d7
size: 2623
```

これでDockerイメージへのバージョンの付与ができるようになりました。以降、本章ではこうしてバージョンを付与したイメージを使ったアプリケーションの更新について見ていきます。

無停止でアプリケーションを更新する

アプリケーションの更新をサービスを止めずに実施できるとしたら、一般にはそれが一番望ましいでしょう（ここでの「サービス」とはKubernetesのサービスではなく、アプリケーションの機能をユーザに提供することを指しています）。

Kubernetesではデフォルトの動作として、コンテナの更新の際に「ローリングアップデート」を実施します。これは、アプリケーションが複数Podで稼働している場合に、Podを1つずつ新しいものに置き換えていくという方法です。この際Kubernetesは新しいアプリケーションが起動するまでリクエストを割り振らないようにしてくれるため、クライアント側から見るとほぼ無停止でアプリケーションを入れ替えることができます。

アプリケーションのデプロイ

まずは、冒頭で作成したバージョン1.16のイメージをデプロイするために、deploy-1.16.yamlという名前のデプロイ定義を作りましょう。前章のReadinessプローブを入れた状態（Livenessプローブはあってもなくてもかまいません）で、spec.template.spec.containers.imageで指定するイメージのタグをlatestから1.16に変更しただけです。

```
apiVersion: apps/v1
kind: Deployment
metadata:
  name: ledweb-deploy
  labels:
    app: ledweb
spec:
  replicas: 2
  selector:
    matchLabels:
      app: ledweb
  template:
    metadata:
      labels:
        app: ledweb
    spec:
      volumes:
        - name: my-volume
          hostPath:
            path: /var/fifo
      containers:
      - name: ledweb
        image: 192.168.0.200:5000/k8sled/rpi-led:1.16
        ports:
```

```
      - containerPort: 8080
      volumeMounts:
       - name: my-volume
         mountPath: /var/fifo
      readinessProbe:
        httpGet:
          path: /ready
          port: 8080
        initialDelaySeconds: 15
        timeoutSeconds: 3
        failureThreshold: 3
    imagePullSecrets:
      - name: registrypullsecret
```

これをデプロイします。

```
$ kubectl apply -f deploy-1.16.yaml
```

しばらく待って、Podの状況を確認します。

```
$ kubectl get pods
NAME                              READY   STATUS    RESTARTS   AGE
ledweb-deploy-65b64d68b8-5596p    1/1     Running   0          3m14s
ledweb-deploy-65b64d68b8-f8xqv    1/1     Running   0          6m31s
```

2つのPodが起動していますね。Online LEDも2つ点滅しているはずです。

新しいアプリケーションイメージの準備

「更新」ですから、新しいバージョンのイメージも作りましょう。本来であればアプリケーションであるrpi-led-1.17.zipがリリースされた時点で、イメージの192.168.0.200:5000/k8sled/rpi-led:1.17も用意することになります。とはいえ現時点ではバージョン1.16しかないので、Dockerfileに修正を施して、アプリケーションは1.16のままでタグだけ別のバージョンのイメージを作ることにしましょう。Dockerfile.300という名前で以下を作成します。

```
FROM openjdk:11.0.3-jre-slim
MAINTAINER Shisei Hanai<ruimo.uno@gmail.com>

RUN apt-get update
RUN apt-get install unzip
RUN mkdir -p /opt/led
ADD rpi-led-*.zip /opt/led
RUN cd /opt/led && \
  cmd=$(basename rpi-led-*.zip .zip) && \
  unzip -q $cmd.zip && \
  echo export ONLINE_BLINK_PERIOD=300 > /opt/led/launch.sh && \
```

```
↖
  echo /opt/led/$cmd/bin/rpi-led '$RPI_LED_OPTS' >> /opt/led/launch.sh '&' && \
  echo trap '"echo TERM signal detected."' TERM >> /opt/led/launch.sh && \
  echo wait >> /opt/led/launch.sh && \
  chmod +x /opt/led/launch.sh

EXPOSE 8080
ENTRYPOINT ["/bin/bash", "-c", "opt/led/launch.sh"]
```

　変更したのは、`echo export ONLINE_BLINK_PERIOD=300 ...`の行です。「目に見えるWebサーバ」はデフォルトでOnline LEDの点滅を1秒に1回行いますが、環境変数`ONLINE_BLINK_PERIOD`が設定されていると、そこで指定された数値をミリ秒と見なして、それをOnline LEDの点滅周期として使用します。つまりこれで3倍速く点滅することになります。

　それではこの`Dockerfile.300`を使ってDockerイメージを作りましょう。

```
$ docker build -f Dockerfile.300 -t k8sled/rpi-led:1.16-300 .
Sending build context to Docker daemon  215.6MB
Step 1/9 : FROM openjdk:11.0.3-jre-slim
...
Successfully tagged k8sled/rpi-led:1.16-300
```

　`-f`パラメータでDockerfileの名前をデフォルトのDockerfileからDockerfile.300に変更しています。イメージのタグは1.16-300にしました。

　ビルドができたら`docker images`で確認してみましょう。

```
$ docker images
REPOSITORY                          TAG        IMAGE ID       CREATED         SIZE
k8sled/rpi-led                      1.16-300   e60667bd7675   7 minutes ago   245MB
192.168.0.200:5000/k8sled/rpi-led   1.16       23b832717460   2 days ago      245MB
```

　`TAG`が1.16-300になったものができていますね。レジストリに登録しましょう。

```
$ docker tag k8sled/rpi-led:1.16-300 192.168.0.200:5000/k8sled/rpi-led:1.16-300
$ docker push 192.168.0.200:5000/k8sled/rpi-led:1.16-300
The push refers to repository [192.168.0.200:5000/k8sled/rpi-led]
...
1.16-300: digest: sha256:98d6d9563c2f5c485f06cff7a82ec2bc6acf88880ad79521bcb94f9991c77a58
size: 2623
```

　以上で更新の準備が完了しました。

新しいアプリケーションへの更新

　それではこのイメージをデプロイしてみましょう。`deploy-1.16-300.yaml`を作成します。`spec.`

`template.spec.containers.image`を`192.168.0.200:5000/k8sled/rpi-led:1.16-300`に変更するだけです。

```
apiVersion: apps/v1
kind: Deployment
...
        image: 192.168.0.200:5000/k8sled/rpi-led:1.16-300
...
```

実際にリクエストを送り続けつつアプリケーションを更新し、動きを見てみましょう。前章で使用した`loop.sh`と`start-loop.sh`を今回も使用します。

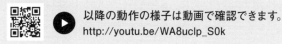

以降の動作の様子は動画で確認できます。
http://youtu.be/WA8uclp_S0k

これも前章と同様、まずはすでにサービスが存在することを確認し、もしないようなら作成しておきます。ここではサービスのポートが32428であったとして話を進めますので、適宜ご自分の環境に合わせてください。

以下の通りリクエストを開始します。

```
$ ./start-loop.sh http://192.168.0.200:32428
```

リクエストが2つのPodで処理されていることをリクエストLEDの点滅で確認したら、別のターミナルでssh接続して、デプロイ定義を適用します。

```
kubectl apply -f deploy-1.16-300.yaml
```

新しいバージョンのイメージはOnline LEDの点滅が速くなることから、以下の通りPodが1つずつ更新されていくことが確認できるはずです。

- 新しいPodが1つ動きはじめる
- 新しいPodでリクエストを処理しはじめる
- 古いPodが1つ削除される

この流れが2回起きて最終的に新しいPodが2つになります。

ここで`start-loop.sh`を実行している画面を見ると、何度かConnection refusedというエラーが起きていることが確認できます（**図4.1**）。

```
Mon Dec 21 22:55:36 GMT 2020
<h1>Hello World</h1>
Mon Dec 21 22:55:36 GMT 2020

real    0m0.119s
user    0m0.034s
sys     0m0.017s
curl: (7) Failed to connect to 192.168.0.200 port 32428: Connection refused

real    0m0.137s
user    0m0.022s
sys     0m0.029s
<h1>Hello World</h1>
```

図4.1 Podの切り替わりのタイミングで若干のエラーが起きる

　ただ、基本的には更新中のPodにはリクエストが割り振られないため、クライアント側から見た影響はほぼないと言ってよいでしょう。

バージョン違いのアプリケーションの混在を防ぐ

　ローリングアップデートは、クライアントから見て無停止でアプリケーションを入れ替えることができる素晴しい方法です。ただし、アプリケーション入れ替えの間、古いアプリケーションと新しいアプリケーションとが混在して同時に稼動します。このため新しいアプリケーションは後方互換性を維持していなければなりませんが、常にそういうわけにはいかないでしょう。

　そんなときにも、Kubernetesでは再作成という方法を使うことができます。いったんすべての古いアプリケーションを停止してから、新しいアプリケーションを稼動する方法です。

　同じように動きを見ていきましょう。まずは前節で作成したdeploy-1.16.yamlを使ってアプリケーションを戻しておきます。

```
$ kubectl apply -f deploy-1.16.yaml
```

　続いてdeploy-1.16-300-rec.yamlを作成します。deploy-1.16-300.yamlとの違いはspec.strategy.typeにRecreateを指定していることです。

```
apiVersion: apps/v1
kind: Deployment
...
spec:
  strategy:
    type: Recreate
  replicas: 2
...
```

では、同じようにリクエストを送りながら更新を実行してみましょう。

以降の動作の様子は動画で確認できます。
http://youtu.be/mfRWfpW3wSc

いつも通りすでにサービスが存在することを確認し、もしないようなら作成しておきます。ここではサービスのポートが32428であったとして話を進めますので、適宜ご自分の環境に合わせてください。

以下の通りリクエストを開始します。

```
$ ./start-loop.sh http://192.168.0.200:32428
```

リクエストが2つのPodで処理されていることをリクエストLEDの点滅で確認したら、別のターミナルでssh接続して、デプロイ定義を適用します。

```
kubectl apply -f deploy-1.16-300-rec.yaml
```

すぐに稼動中のPod 2つが停止し、その後新しいPodが2つ起動されて動作を開始するでしょう。当然リクエストはその間エラーになります（**図4.2**）。

```
Mon Dec 21 23:54:00 GMT 2020
curl: (7) Failed to connect to 192.168.0.200 port 32428: Connection refused

real    0m1.068s
user    0m0.031s
sys     0m0.010s
Mon Dec 21 23:54:00 GMT 2020
curl: (7) Failed to connect to 192.168.0.200 port 32428: Connection refused
```

図4.2 再作成を選んだ場合は、更新の時リクエストがエラーになる

このように spec.strategy.type に Recreate を指定することで、更新の際に古いアプリケーションと新しいアプリケーションが同時に稼動することを避けられます。

更新に問題があった際にすばやく切り戻す

　実際に本番環境へのデプロイを実行したことのある方は、デプロイ失敗が起きた時の緊張感の大きさを良く理解できるでしょう。ちょっとしたことでデプロイは失敗します。

　そうした場合に、Kubernetesの機能はどのように助けてくれるのでしょうか？　本節ではそれを見ていきます。

アプリケーションが起動しない

　デプロイ失敗の際に最もありがちなのは、アプリケーションがそもそもうまく起動しないというケースでしょう。例えばDockerイメージの名前が間違っていたり、レジストリに登録されていなかったり、あるいはDockerfile内でのアプリケーション実行環境の設定にミスがあるといったケースです。

　今回はデプロイ定義のDockerイメージの指定をわざと間違った指定にして挙動を見てみましょう。

エラーのあるデプロイ定義の作成

　まずは先ほどのdeploy-1.16.yamlを使ってアプリケーションを戻しておきます。

```
$ kubectl apply -f deploy-1.16.yaml
```

　次に間違えたデプロイ定義ファイルとして、deploy-1.16-399.yamlを作成します。変更したのはspec.template.spec.containers.imageの指定で、わざと間違ったタグを指定しています。

```
apiVersion: apps/v1
kind: Deployment
...
    - name: ledweb
      image: 192.168.0.200:5000/k8sled/rpi-led:1.16-399
...
```

デプロイの実行

 以降の動作の様子は動画で確認できます。
http://youtu.be/7jmrOAb4uao

いつも通りすでにサービスが存在することを確認し、もしないようなら作成しておきます。ここではサービスのポートが32428であったとして話を進めますので、適宜ご自分の環境に合わせてください。

以下の通りリクエストを開始します。

```
$ ./start-loop.sh http://192.168.0.200:32428
```

リクエストが2つのPodで処理されていることをリクエストLEDの点滅で確認したら、別のターミナルでssh接続して、デプロイ定義を適用します。

```
kubectl apply -f deploy-1.16-399.yaml
```

LEDの動きだけを見ていると、何も起きていないように見えるはずです。

`kubectl get pods`でPodの様子を見てみましょう。まずはコマンド実行直後の状況です。

```
NAME                                READY   STATUS             RESTARTS   AGE
ledweb-deploy-698b6f7b87-b25bs      1/1     Running            0          17m
ledweb-deploy-698b6f7b87-c54mg      1/1     Running            0          16m
ledweb-deploy-6c9cbf854f-977rg      0/1     ContainerCreating  0          5s
```

新しいPodを作成しようとしていることが分かります。

しばらくすると、次のような結果となるでしょう。

```
NAME                                READY   STATUS        RESTARTS   AGE
ledweb-deploy-698b6f7b87-b25bs      1/1     Running       0          17m
ledweb-deploy-698b6f7b87-c54mg      1/1     Running       0          16m
ledweb-deploy-6c9cbf854f-977rg      0/1     ErrImagePull  0          11s
```

`spec.template.spec.containers.image`の指定が間違っているため、イメージがpullできないというエラーになっています。

あるいは、次のようなエラーが出ているかもしれません。

```
NAME                               READY   STATUS            RESTARTS   AGE
ledweb-deploy-698b6f7b87-b25bs     1/1     Running           0          17m
ledweb-deploy-698b6f7b87-c54mg     1/1     Running           0          17m
ledweb-deploy-6c9cbf854f-977rg     0/1     ImagePullBackOff  0          26s
```

`ImagePullBackOff`という`STATUS`になっています。イメージが`pull`できないとき、Kubernetesはリトライしますが、ひたすらリトライを繰り返しても無駄なので、リトライ間隔を次第に増やしていきます。これが`ImagePullBackOff`という状態です。

危ないところです。もう少しで本番に影響を与えてしまうところでした。

このようにイメージの指定が間違っているような状況下でも、ローリングアップデートを使用していれば、Kubernetesは既存のアプリケーションを維持しながら新しい構成を追加しようとするので、影響を与えずにすむことが分かります。

デプロイ定義を元に戻す

元に戻すには、古いデプロイ定義を再適用するのが簡単です。

```
$ kubectl apply -f deploy-1.16.yaml
```

しかし、もしも古いデプロイ定義ファイルを保管せずに消してしまっている場合にはどうすればよいでしょうか。第8章の「アプリケーションの稼動環境のパラメータをちょっと変更して試してみたい」で見るように`kubectl edit`を使って`spec.template.spec.containers.image`を手で直接書き直すこともできますが、こうしたミスを誘発するような操作は本番環境ではなるべく避けたいものです。

Kubernetesでは、デプロイを更新することを「ロールアウト」と呼びます。そしてこのロールアウトは履歴を持っているので、これを利用して古いデプロイに戻すことができます。

`kubectl rollout history deployment.v1.apps/`**<デプロイ名>**を実行することで、ロールアウトの履歴を参照できます。

```
$ kubectl rollout history deployment.v1.apps/ledweb-deploy
deployment.apps/ledweb-deploy
REVISION   CHANGE-CAUSE
1          <none>
7          <none>
10         <none>
18         <none>
21         <none>
22         <none>
```

各リビジョンの詳細は`--revision`を指定することで確認できます。

```
$ kubectl rollout history deployment.v1.apps/ledweb-deploy --revision=22
deployment.apps/ledweb-deploy with revision #22
Pod Template:
  Labels:        app=ledweb
        pod-template-hash=6c9cbf854f
  Containers:
   ledweb:
    Image:       192.168.0.200:5000/k8sled/rpi-led:1.16-399
    Port:        8080/TCP
    Host Port:   0/TCP
    Readiness:   http-get http://:8080/ready delay=15s timeout=3s period=10s #success=1
#failure=3
    Environment:       <none>
    Mounts:
      /var/fifo from my-volume (rw)
  Volumes:
   my-volume:
    Type:        HostPath (bare host directory volume)
    Path:        /var/fifo
    HostPathType:
```

　上記の通りリビジョン22を見ると、イメージのタグが1.16-399になっていることが分かります。これが最後に指定したものです。

　一方、その前のリビジョン21は次のようになります。これが最初に適用した正しいイメージの指定であることが分かります。

```
$ kubectl rollout history deployment.v1.apps/ledweb-deploy --revision=21
deployment.apps/ledweb-deploy with revision #21
Pod Template:
  Labels:        app=ledweb
        pod-template-hash=698b6f7b87
  Containers:
   ledweb:
    Image:       192.168.0.200:5000/k8sled/rpi-led:1.16
    Port:        8080/TCP
    Host Port:   0/TCP
    Readiness:   http-get http://:8080/ready delay=15s timeout=3s period=10s #success=1
#failure=3
    Environment:       <none>
    Mounts:
      /var/fifo from my-volume (rw)
  Volumes:
   my-volume:
    Type:        HostPath (bare host directory volume)
    Path:        /var/fifo
    HostPathType:
```

　1つ前のリビジョンに戻す（ロールバックする）には、以下のようにします。

```
$ kubectl rollout undo deployment.v1.apps/ledweb-deploy
deployment.apps/ledweb-deploy rolled back
```

これで履歴をもう一度見てみましょう。

```
$ kubectl rollout history deployment.v1.apps/ledweb-deploy
deployment.apps/ledweb-deploy
REVISION    CHANGE-CAUSE
1           <none>
7           <none>
10          <none>
18          <none>
22          <none>
23          <none>
```

面白いことにリビジョン21が消えて、23ができています。リビジョン23の内容を確認してみましょう。

```
$ kubectl rollout history deployment.v1.apps/ledweb-deploy --revision=23
deployment.apps/ledweb-deploy with revision #23
Pod Template:
  Labels:       app=ledweb
        pod-template-hash=698b6f7b87
  Containers:
   ledweb:
    Image:      192.168.0.200:5000/k8sled/rpi-led:1.16
    Port:       8080/TCP
    Host Port:  0/TCP
    Readiness:  http-get http://:8080/ready delay=15s timeout=3s period=10s #success=1
#failure=3
    Environment:        <none>
    Mounts:
      /var/fifo from my-volume (rw)
  Volumes:
   my-volume:
    Type:       HostPath (bare host directory volume)
    Path:       /var/fifo
    HostPathType:
```

正しいイメージ指定に戻っていることが分かります。なお、ロールバックの際に`--to-revision=2`のようにリビジョンを指定すれば、任意のリビジョンに戻すことも可能です。

アプリケーションが起動するものの、すぐに異常終了してしまう

起動しないケースの次によくありそうなのが、アプリケーションは起動するもののすぐに異常終了してしまうというケースです。例えばデータベースへの接続パラメータが間違っているような場合がこれに相当します。

こうした場合にKubernetesがどのような挙動を示すのかを見てみましょう。

すぐに終了してしまうアプリケーションのデプロイ

先ほどと同様に deploy-1.16.yaml を使ってアプリケーションを戻しておきます。

```
$ kubectl apply -f deploy-1.16.yaml
```

次にアプリケーションがわざとすぐに終了してしまうデプロイ定義ファイル、deploy-1.16-die-3s.yaml を作成します。deploy-1.16.yaml との違いは、spec.template.spec.containers.env の下に環境変数 AUTO_SHUTDOWN_PERIOD を定義して 3000 を設定していることです。

```
apiVersion: apps/v1
kind: Deployment
...
    containers:
    - name: ledweb
      image: 192.168.0.200:5000/k8sled/rpi-led:1.16
      env:
      - name: AUTO_SHUTDOWN_PERIOD
        value: "3000"
...
```

今回の「目に見えるWebサーバ」では、環境変数として AUTO_SHUTDOWN_PERIOD が設定されている場合、この値をミリ秒と見なして指定時間経過後にアプリケーションを終了するようになっています。

それではデプロイを試してみましょう。

以降の動作の様子は動画で確認できます。
http://youtu.be/JihwMWUvfZs

いつも通りすでにサービスが存在することを確認し、もしないようなら作成しておきます。ここではサービスのポートが32428であったとして話を進めますので、適宜ご自分の環境に合わせてください。

以下の通りリクエストを開始します。

```
$ ./start-loop.sh http://192.168.0.200:32428
```

リクエストが2つのPodで処理されていることをリクエストLEDの点滅で確認したら、別のターミナルでssh接続して、デプロイ定義を適用します。

```
$ kubectl apply -f deploy-1.16-die-3s.yaml
```

LEDの動きを見ると、Online LEDが点滅を始めたことでPodが新しく生成されたことが分かりますが、3秒で終了してしまうのですぐに消灯します。

kubectl get podsで状況を確認するとCompletedというSTATUSになることが分かります。

```
$ kubectl get pods
NAME                              READY   STATUS      RESTARTS   AGE
ledweb-deploy-654fd77d5f-7tbhs    0/1     Completed   1          46s
ledweb-deploy-698b6f7b87-b25bs    1/1     Running     0          24h
ledweb-deploy-698b6f7b87-c54mg    1/1     Running     0          24h
```

　終了してしまうとKubernetesは再度起動を試みますが、それもすぐに終了してしまいます。そして
しばらくすると次のような状態になるでしょう。

```
$ kubectl get pods
NAME                              READY   STATUS             RESTARTS   AGE
ledweb-deploy-654fd77d5f-7tbhs    0/1     CrashLoopBackOff   1          52s
ledweb-deploy-698b6f7b87-b25bs    1/1     Running            0          24h
ledweb-deploy-698b6f7b87-c54mg    1/1     Running            0          24h
```

　イメージが見つからないエラーが繰り返し起きた際にはImagePullBackOffになったのに対し、今
回のようにすぐに終了してしまう場合はCrashLoopBackOffという状態になることが分かります。こ
のときstart-loop.shを動かしているコンソールを見ても、何もエラーは起きていません。このこ
とからユーザには何も影響を与えていないことが分かります。

　つまり新しいアプリケーション、あるいはその設定に問題があってすぐに終了してしまうような場合
でも、Kubernetesはアプリケーションの準備ができるまではアクセスの割り振りを行わないため、影
響を与えずにすむことが分かります。

アプリケーションが終了するまでの時間を伸ばしてみる

　先ほどはアプリケーションが終了してしまうまでの時間を3秒にしましたが、もっと時間がかかる
ケースはどうでしょうか？　今度は30秒にしてみましょう。

  以降の動作の様子は動画で確認できます。
http://youtu.be/dq52O9Hsftk

　以下のように環境変数AUTO_SHUTDOWN_PERIODの設定を30000に変更したデプロイ定義deploy-
1.16-die-30s.yamlを作って適用します。今回の動きはReadinessプローブの有無で変わるため、ま
ずはReadinessプローブなしでの動きから見てみましょう（したがって、deploy-1.16.yamlから
Readinessプローブの設定部分も削除していることに注意してください）。

```
...
        containers:
        - name: ledweb
          image: 192.168.0.200:5000/k8sled/rpi-led:1.16
          env:
          - name: AUTO_SHUTDOWN_PERIOD
            value: "30000"
          ports:
          - containerPort: 8080
          volumeMounts:
            - name: my-volume
              mountPath: /var/fifo
        imagePullSecrets:
          - name: registrypullsecret
...
```

手順はこれまでと同じです。まずdeploy-1.16.yamlを適用して現行アプリケーションに戻します。

```
$ kubectl apply -f deploy-1.16.yaml
```

start-loop.shを使ってリクエストを開始します。

```
$ ./start-loop.sh http://192.168.0.200:32428
```

そして新しいアプリケーションをデプロイします。

```
$ kubectl apply -f deploy-1.16-die-30s.yaml
```

　LEDの動きを見ていると、新しいPodができてそこにリクエストが割り振られるようになってから、アプリケーションが終了してしまいます。start-loop.shを動かしているコンソールを見るとエラーが確認できます（**図4.3**）。

```
real    0m0.078s
user    0m0.039s
sys     0m0.011s
curl: (7) Failed to connect to 192.168.0.200 port 32428: Connection refused
```

図4.3 アプリケーション起動に時間がかかる場合にはエラーが記録される

　もちろんアプリケーションが終了してしまえばKubernetesはPodを起動するため、アプリケーションが完全に使えなくなってしまうわけではありません。しかしユーザには少なからずエラーが返るため影響が出てしまうことが分かります。

　今回の動きはどうしようもないのでしょうか？　例えばメモリの割り当てが少なすぎるなど、単にアプリケーションが不安定であり、しばらく稼動すると異常終了してしまうようなケースは難しそうです。

　しかし恐らく今回のようなケースは多くの場合、DBなど外部サービスへの接続設定が間違っていて、アプリケーションが起動してから初めて外部サービスに接続しようとしてエラーが起きたようなケースでしょう。この場合には良い方法があります。Readinessプローブです。

Readinessプローブを活用する

　ReadinessプローブはバックエンドのPの準備ができているかを調査するプローブでした。Readinessプローブの処理で外部サービスへの疎通を確認するようにしておけば、接続設定が間違っている場合にはKubernetesから見ると「準備ができていない」と見なされるので、リクエストが割り振られることはありません。Readinessプローブを構成して試してみましょう。

　`deploy-1.16.yaml`はこれまでと同じです。そのうえで、`deploy-1.16-die-30s.yaml`を`deploy-1.16-die-30s-wrp.yaml`にコピーして、Readinessプローブの設定を復活させます。

```
apiVersion: apps/v1
kind: Deployment
...
      volumeMounts:
       - name: my-volume
         mountPath: /var/fifo
      readinessProbe:
        httpGet:
          path: /ready
          port: 8080
        failureThreshold: 3
        initialDelaySeconds: 15
        timeoutSeconds: 3
...
```

　今回の「目に見えるWebサーバ」では、`AUTO_SHUTDOWN_PERIOD`が設定されている場合、`/ready`に対して失敗を返すようになっています。

以降の動作の様子は動画で確認できます。
http://youtu.be/EuQmT1sBaw0

　それでは同じように`start-loop.sh`を起動します。デプロイ定義を適用してアプリケーションを更新します。

```
$ kubectl apply -f deploy-1.16-die-30s-wrp.yaml
```

　新しいPodが起動されOnline LEDが点滅を始めます。その後Readiness LEDの失敗の方（赤）が点灯することから、KubernetesがReadinessプローブを使ってPodの準備ができたか調べにきているこ

とが分かります。しかしReadinessプローブに失敗が返されるためKubernetesが新しいPodにリクエストを割り振ることはありません。今回はユーザに影響を出さずにすみました。

このようにKubernetesの機能をうまく利用すれば、典型的なデプロイの時の失敗のいくつかをカバーできることが分かります。

まとめ

本章ではアプリケーションの更新に際してのKubernetesの動作を確認しました。

まず最初にアプリケーションのバージョン管理について触れました。Dockerイメージにはタグを付与することができ、通常はこれを用いてバージョン管理します。

Kubernetesはデフォルトでは、ローリングアップデートという戦略でアプリケーションを更新します。この場合、新しいアプリケーションを稼動するためにまず1つPodが作成され、準備ができたところでリクエストが割り振らるようになり、古いPodが1つ削除されます。この動作が古いPodがなくなるまで繰り返されるため、ユーザから見るとほぼ無停止でアプリケーションの更新を実行できます。

ローリングアップデートは無停止で更新できるというメリットがある反面、アプリケーション入れ替えの間、古いアプリケーションと新しいアプリケーションとが混在して同時に稼動します。このため新しいアプリケーションは、後方互換性を維持していなければなりません。これが無理な場合には再作成という方法を利用することもできます。

また、デプロイの失敗が起きた時に少しでも被害を少なくする機能をKubernetesは用意しています。

- イメージの指定が間違っていた場合は新しいPodを起動できないため、古いPodが稼動したままとなり、ユーザに影響を与えない
- アプリケーションがすぐに終了してしまう場合、Kubernetesはリクエストを古いPodに割り振ったままとするため、やはりユーザに影響を与えない
- アプリケーションからバックエンドへの構成が間違っていて、起動からしばらくするとエラーで止まってしまうような場合、Readinessプローブを構成しておけば、KubernetesからはPodの準備ができていないと認識されるため、ユーザに影響を与えない

こうしたKubernetesの機能をうまく利用することでデプロイのときに起きがちな問題による影響を最小化できます。

## 第 5 章

システム構成の
集中管理

　アプリケーションが稼動するうえでは、一般に設定が必要になります。例えば次のようなものです。

- データベースなどへの接続情報
- 外部サービス呼び出し時のURLやタイムアウト値
- メニューなどのデフォルトの表示個数

　これらの設定をデータベースなどに格納することも可能ですが、まだアプリケーションが起動まもない状態でデータベースへの接続がない状態で使用される設定であったり、読み取りしかしない設定の場合にはデータベースの外に持つことがあります。こうした設定の持ち方としては例えば以下のようなものが挙げられます。

- 環境変数
- 言語固有のパラメータ
- ファイル

　環境変数はキーに値を関連付けるという形式で設定を提供できます。言語固有のパラメータは特定のプログラミング言語で提供される機能で（例えばJavaなら–Dパラメータを使用することで、アプリケーションからアクセスできます）、これもキーに値を関連付けるという形式のものが多いでしょう。

　ただ、キーに値を関連付ける方法では複雑な構造を持つ設定を持たせることは困難です。例えば環境変数の値部分に無理やりJSONを指定することもできなくはありませんが、筋が悪いでしょう。そういった場合にはファイルに格納しておき、そのファイルのパスを環境変数などで指定する方法があります。

　また、設定の中には「機密情報」が含まれる場合があります。例えばデータベースや外部システムにアクセスするためのパスワードや証明書といったものです。こうした情報は漏洩しないように注意して扱う必要があります。

　本章ではこうした設定情報をKubernetesで扱うしくみの動作を見ていきます。

環境変数やファイルで設定を引き渡す

　まずはコンテナ内のアプリケーションに環境変数やファイルで設定を渡す方法を見ていきましょう。

環境変数による設定の引き渡し

第3章の「アプリケーションが起動するものの、すぐに異常終了してしまう」で見たようにデプロイ定義の`spec.template.spec.containes`の下に`env`という要素を置くことで環境変数を指定できます。

```
apiVersion: apps/v1
kind: Deployment
...
        env:
        - name: AUTO_SHUTDOWN_PERIOD
          value: "3000"
```

このように簡単なものであれば、デプロイ定義の中に指定することでコンテナ内のアプリケーションに環境変数を渡せます。

ファイルによる設定の引き渡し

次にファイルで設定を渡す例を見てみましょう。

コンテナ内へのファイルの配置

Dockerfile内でコンテナの中にファイルを配置し、それによって設定を引き渡すことが可能です。

例えば以下は「目に見えるWebサーバ」のDockerfileです。ここでは ADDを指定することで、ホスト側のファイルをコンテナの中にコピーしています。

```
FROM openjdk:11.0.3-jre-slim
MAINTAINER Shisei Hanai<ruimo.uno@gmail.com>

RUN apt-get update
RUN apt-get install unzip
RUN mkdir -p /opt/led
# コンテナ内へのファイルの配置
ADD rpi-led-*.zip /opt/led
RUN cd /opt/led && \
  cmd=$(basename rpi-led-*.zip .zip) && \
  unzip -q $cmd.zip && \
  # ファイルの生成
  echo /opt/led/$cmd/bin/rpi-led '$RPI_LED_OPTS' > /opt/led/launch.sh '&' && \
  echo trap '"echo TERM signal detected."' TERM >> /opt/led/launch.sh && \
  echo wait >> /opt/led/launch.sh && \
  chmod +x /opt/led/launch.sh

EXPOSE 8080
ENTRYPOINT ["/bin/bash", "-c", "opt/led/launch.sh"]
```

　あるいはDockerfileの中でechoなどを用いてファイルを生成することも同様のことが可能です（この例の/opt/led/launch.shはこの方法をとっています）。簡単ではありますが、設定を変更するだけのためにビルドをし直す必要が出てきてしまい、Dockerイメージの可搬性が悪化します。そのDockerイメージを利用する側の環境によってその設定を変更する必要がないと確信できるケースに限ったほうがよいでしょう。

ホスト側のファイルのマウント

　一方、第2章で見たように、デプロイ定義のspec.template.spec.volumesとspec.template.spec.containers.volumeMountsを指定することで、ホスト側のファイルをコンテナ内にマウントできます。

```
apiVersion: apps/v1
kind: Deployment
...
      volumes:
        - name: my-volume
          hostPath:
            path: /var/fifo
...
      containers:
        volumeMounts:
        - name: my-volume
          mountPath: /var/fifo
...
```

　ホスト側のファイルをマウントする方法であれば、ホスト側のファイルを変更することでいつでも設定を変更できます。

　しかし、ホスト側にファイルを準備しておかなければならないというのは、運用の足枷になります。複数のノードで構成されていればすべてのノードに同じファイルを配らなければなりません。もしも特定ノードだけファイルが古かったりすれば、アプリケーションが時おりおかしな挙動をするというやっかいな障害を招くでしょう。こうした側面を理解してNFSのようなファイル共有を使用するなどの配慮が必要になります。

　なお、この方法を利用する場合には次のようにreadOnly指定を付けてアプリケーションからは書き込めないようにしておくことで、不用意に設定が書きかえられる事故を防ぐことができます。

```
...
      containers:
        volumeMounts:
        - name: my-volume
          mountPath: /var/fifo
          readOnly: true
...
```

本章で紹介している方法のほか、KubernetesにはDownward APIというしくみが用意されています。これを使うとデプロイ定義内に書かれた内容の一部をファイルとしてアプリケーションに見せることが可能ですが、今回用いたRaspberry Pi用のKubernetesでは正しく動作しなかったため本書では解説を割愛します。

ConfigMapで設定を管理する

ここまでアプリケーションに設定を引き渡す方法をいくつか見てきました。どの方法も一長一短でした。

- 環境変数で渡す方法は簡単だが、キーと値で表現できるような単純なものに限られる
- デプロイ定義で環境変数を指定する場合、複数のアプリケーションで共通の設定をしたければ、それぞれのデプロイ定義の中に同じ設定を繰り返し書かなければならない
- Dockerfile内でビルド時にファイルを取り込んだり生成したりが可能だが、内容を変更したければビルドのし直しが必要になりイメージとして可搬性が失われる
- ホスト側のファイルに設定を書きボリュームとしてマウントすることも可能だが、クラスタリング環境の場合、すべてのノードに同じファイルを配らなければならない

Kubernetesでは、こうした目的のためにConfigMapというしくみを用意しています。使い方は以下のようになります。

1. 設定をConfigMapとして定義する
2. それをデプロイ定義で環境変数やファイルにマッピングして使用する

以降では、キーと値のペアからなるConfigMapを環境変数に利用する例と、設定ファイルの内容をConfigMapの値としたうえで、それをファイルとしてマウントして利用する例とを見ていきましょう。

キーと値のペアをConfigMapで環境変数に割り当てる

まずは、簡単なキーと値のペアからなるConfigMapを環境変数に利用するケースを見てみます。

  以降の動作の様子は動画で確認できます。
https://youtu.be/YgKyliRvOso

ConfigMapを定義する際に最も簡単なのは、リテラル（値の直接指定）を使用する方法です。

```
$ kubectl create configmap special-config --from-literal=online.blink.period=300
configmap/special-config created
```

special-configはこのConfigMapの名前です。そして--from-literal=のあとに<キー>=<値> という形式で設定を指定しています。--from-literal=は--from-literal=a=b --from-literal=c=dのように複数指定することも可能です。

作成したConfigMapはkubectl getで確認できます。

```
$ kubectl get configmap special-config -o=yaml
apiVersion: v1
data:
  online.blink.period: "300"
kind: ConfigMap
...
```

以降では、これをデプロイ定義のなかで環境変数に割り当てていきます。

ConfigMapの内容を環境変数に割り当てる

これまで行っていたデプロイ定義での環境変数の定義は次のようなものでした。

```
apiVersion: apps/v1
kind: Deployment
...
        env:
        - name: ONLINE_BLINK_PERIOD
          value: "300"
...
```

これをConfigMapを使用するように書き換えましょう。次のようなデプロイ定義deploy-1.16-cmenv.yamlを作成します。

```
apiVersion: apps/v1
kind: Deployment
metadata:
  name: ledweb-deploy
  labels:
    app: ledweb
spec:
  replicas: 2
  selector:
    matchLabels:
      app: ledweb
  template:
    metadata:
```

```
ĸ
    labels:
      app: ledweb
  spec:
    volumes:
      - name: my-volume
        hostPath:
          path: /var/fifo
    containers:
    - name: ledweb
      image: 192.168.0.200:5000/k8sled/rpi-led:1.16
      env:
        # (1)
        - name: ONLINE_BLINK_PERIOD
          valueFrom:
            # (2)
            configMapKeyRef:
              name: special-config
              key: online.blink.period
      ports:
      - containerPort: 8080
      volumeMounts:
        - name: my-volume
          mountPath: /var/fifo
    imagePullSecrets:
    - name: registrypullsecret
```

　まず、(1)の`spec.template.spec.containers.env.name`には環境変数の名前（`ONLINE_BLINK_PERIOD`）を指定しています。そして(2)の通り`spec.template.spec.containers.env.name.valueFrom.configMapKeyRef`を追加して、ここでConfigMapから環境変数の値を提供します。`name`がConfigMapの名前、`key`がConfigMapのキー名です。

　これまでと同じようにデプロイ定義を適用します。

```
$ kubectl apply -f deploy-1.16-cmenv.yaml
```

　`ONLINE_BLINK_PERIOD`は前章で紹介した通り、LEDの点滅周期（ms）でした。これが300に設定されたので、Online LEDが1秒に3回点滅するようになるでしょう。

ConfigMapの値を変更する

　もしこの状態でConfigMapの値を変更したらどうなるのでしょうか？ 試してみましょう。

　ただ、先ほどと同じように`kubectl create configmap`を使うことはできません。これは新規にConfigMapを生成するためのコマンドなので、すでに同名のConfigMapが存在するとエラーになります。このため少しトリッキーですが、ここではdry runの機能を使いましょう。

　すなわち、以下の通り--dry-run=clientと-o=yamlを指定してkubectl createを実行することで（実際に変更は行わずに）デプロイ定義を標準出力に出力し、kubectl apply -f -によってそれをデプロイ定義として読み込むことで既存のConfigMapの内容を更新します。

```
$ kubectl create configmap special-config --from-literal=online.blink.period=1000 --save-
config --dry-run=client -o=yaml | kubectl apply -f -
$ kubectl get configmap special-config -o=yaml
apiVersion: v1
data:
  online.blink.period: "1000"
kind: ConfigMap
metadata:
...
```

　設定を変更しましたが、しばらく待ってもOnline LEDの点滅周期は変わらないことが分かります。以下の通りkubectl get podsでPodの様子を見てもPodの再起動は起きませんし、Pod内部の環境変数の値も変わっていません。

```
$ kubectl exec ledweb-deploy-7f465d9bf4-c9v5n -- printenv
PATH=/usr/local/sbin:/usr/local/bin:/usr/sbin:/usr/bin:/sbin:/bin
HOSTNAME=ledweb-deploy-7f465d9bf4-c9v5n
ONLINE_BLINK_PERIOD=300
LEDWEB_SERVICE_HOST=10.104.115.108
...
```

　どうやら、デプロイ定義の中で環境変数にConfigMapを利用していたとしても、そのConfigMapの内容の更新では自動的には反映されないようです。

　設定を反映するためにはPodを再起動しましょう。

```
$ kubectl rollout restart deployment.v1.apps/ledweb-deploy
```

　kubectl rollout restartを用いることでデプロイに関連するPodを再起動することが可能です。点滅周期が1秒に1回に変わることが確認できるはずです。

設定ファイルをConfigMapを介して使用する

　設定のごく一部を変更できればよいのであれば、先ほどのように値をリテラルで設定して環境変数を使用するのが簡単です。しかし複雑な構造を持つ設定値やバイナリデータを使いたい場合には、別の方法を使うべきでしょう。

　今回の「目に見えるWebサーバ」は、内部では以下のような設定ファイルを使用しています[注1]。

注1　https://github.com/ruimo/rpi-led/blob/master/src/main/resources/application.conf

```
parm {
  fifo-path = "/var/fifo"
  listen-port = 8080

  # Online LED blink period in millisecond.
  online-blink-period-millis = 1000
  # Can be overridden by environment variable.
  online-blink-period-millis = ${?ONLINE_BLINK_PERIOD}

  # Auto shutdown period in milliseconf.
  auto-shutdown-period-millis = ${?AUTO_SHUTDOWN_PERIOD}

  # Busy loop count.
  busy-loop-count = 0
  # Can be overridden by environment variable.
  busy-loop-count = ${?BUSY_LOOP_COUNT}
}
```

　先ほどのようにOnline LEDの点滅周期を環境変数で変更できたのは、${?ONLINE_BLINK_PERIOD}という指定があったためです。これは、環境変数ONLINE_BLINK_PERIODが設定されていれば、その値をアプリケーションの設定値online-blink-period-millisとして使用するようにするという意味です。設定されていなければすぐ上にある1000という値が使用されます[注2]。

　もしも設定内容が多い場合は、こうした設定ファイル自体を直接ConfigMapの値として指定してしまうほうがよいでしょう。

　もちろん、この設定ファイルはアプリケーションと一緒にパッケージングされていますから、そのファイルを直接変更してしまうのが最も簡単です。しかし、すでに述べた通りアプリケーションのビルドのし直しになること、イメージの可搬性が失われるなどの問題があります。

　そこで、このファイルとは別に新しい設定ファイルmyconfig.confを用意します。

以降の動作の様子は動画で確認できます。
https://youtu.be/dojVczldBK0

注2　この設定ファイルの形式はHOCONと呼ばれるもので、今回はTypesafe Config (https://github.com/lightbend/config) というライブラリを使って読み込んでいます。

```
# (1)
include "application.conf"

parm {
  # (2)
  online-blink-period-millis = 500
}
```

　まず、(1)の`application.conf`というのは、先ほど見た（アプリケーションにパッケージングされている）設定ファイルです。HOCONでは、このように`include`を指定することで新しい設定ファイル側に元の設定ファイルの内容をコピーしてくることができます。そして(2)は変更したい設定の内容です。このように記述することで元の設定を引き継ぎつつ、変更したい部分のみを追加で上書きできます。

　このファイルをConfigMapに格納します。

```
$ kubectl create configmap myconfig --from-file=myconfig.conf
```

　ファイルの内容を使ってConfigMapを作成する場合は`--from-file`オプションを使います。この場合ファイル名がキーになり、ファイルの中身が値になります。確認してみましょう。

```
$ kubectl get configmap myconfig -o=yaml

apiVersion: v1
data:
  myconfig.conf: |+
    include "application.conf"

    parm {
      online-blink-period-millis = 500
    }

kind: ConfigMap
metadata:
  creationTimestamp: "2021-04-07T23:24:46Z"
...
```

　ファイルの内容がそのまま取り込まれていることが分かります。

> 同じようにしてバイナリファイルをConfigMapに取り込むことも可能です。その場合は`data`という項目名の代わりに`binaryData`という項目名が使用され、ファイルの中身はBase64エンコーディングされます。

ConfigMapの内容をファイルとしてマウントする

　このようにConfigMapに格納したファイルをアプリケーションで利用する場合には、ConfigMapを

ファイルにマウントするのがよいでしょう。これにより、もとのファイルをそのままアプリケーション
に渡すことができるようになります。

deploy.yamlをもとに、新しいデプロイ定義deploy-1.16-cmf.yamlを作成します。

```
apiVersion: apps/v1
kind: Deployment
...
    spec:
      volumes:
        - name: my-volume
          hostPath:
            path: /var/fifo
        # (1)
        - name: conf-cm
          configMap:
            name: myconfig
            items:
              - key: "myconfig.conf"
                path: "myconfig.conf"
      containers:
      - name: ledweb
        image: 192.168.0.200:5000/k8sled/rpi-led:1.16
        env:
          # (2)
          - name: RPI_LED_OPTS
            value: "-Dconfig.file=/etc/rpiled/myconfig.conf"
        ports:
        - containerPort: 8080
        # (3)
        volumeMounts:
          - name: my-volume
            mountPath: /var/fifo
          - name: conf-cm
            mountPath: "/etc/rpiled"
            readOnly: true
        readinessProbe:
          httpGet:
...
```

deploy.yamlからの変更点は次の通りです。

まず、(1)でspec.template.spec.volumesの中にボリュームを定義しています。name（今
回はconf-cm）はボリューム定義の名前です。そしてconfigMapという項目を置き、その下の
nameに利用したいConfigMapの名前（conf-cm）を指定します。同様にitemsの下にはマウント
したいファイルを定義します。keyがConfigMapの中でのキー名で、pathがボリューム内でのファイ
ル名です。つまり、このボリュームをマウントするとmyconfig.confというファイル名で
ConfigMapとして格納したファイルの内容が見えるようになります。

こうして定義したボリュームを、(3)の`spec.template.spec.containers.volumeMounts`でPodにマウントします。`name`には作成したボリュームの名前（`conf-cm`）を、`mountPath`にはコンテナ内のマウント先ディレクトリを指定します。設定は読むだけなので今回の例のように`readOnly`を付けるとよいでしょう。

また、(2)ではボリュームにマウントした新しい構成ファイルをアプリケーションに指定しています。この`RPI_LED_OPTS`という環境変数は、以下のように`Dockerfile`の中でアプリケーションの引数として渡されています。今回の「目に見えるWebサーバ」では、`-Dconfig.file=...`で指定したファイルを設定ファイルとして使うようになっています（この指定がない場合には`application.conf`がデフォルトで使用されます）。

```
echo /opt/led/$cmd/bin/rpi-led '$RPI_LED_OPTS' > /opt/led/launch.sh '&' && \
```

これまでと同じようにデプロイ定義を適用します。

```
$ kubectl apply -f deploy-1.16-cmf.yaml
```

しばらくすると、Online LEDが1秒に2回点滅することが分かるでしょう。Pod内のマウント先である`/etc/rpiled/myconfig.conf`を確認してみます。

```
$ kubectl exec -t $(kubectl get pod -o jsonpath='{.items[0].metadata.name}') -- cat /etc/
rpiled/myconfig.conf
# (1)
include "application.conf"

parm {
  # (2)
  online-blink-period-millis = 500
}
```

たしかにConfigMapに格納したファイルがマウントされていることが分かります。

ConfigMapの値を変更する

ConfigMapを環境変数に割り当てた時と同じようにConfigMapの値を変更してみましょう。

まずは`myconfig.conf`の中身を変更します。

```
# (1)
include "application.conf"

parm {
  # (2)
  online-blink-period-millis = 300
}
```

先ほどと同様、dry runの機能を使ってConfigMapを更新します。

```
$ kubectl create configmap myconfig --from-file myconfig.conf -o yaml --dry-run=client |
kubectl replace -f -
```

しばらく（数分）経過したら、内容を確認してみましょう。

```
$ kubectl exec -t $(kubectl get pod -o jsonpath='{.items[0].metadata.name}') -- cat /etc/
rpiled/myconfig.conf
include "application.conf"

parm {
  online-blink-period-millis = 300
}
```

ボリュームにマウントした場合は、ConfigMapの内容の変更がファイルにも自動的に反映されることが分かります。

ただし通常のアプリケーションは起動時に設定を読み出して、それをメモリ上に保持してそのまま使い続けるのが一般的でしょう。更新された設定ファイルを読み直すにはシグナルを送る、もしくはアプリケーションの再起動が必要な場合があることに注意してください。

今回はkubectl rolloutでPodを再起動しましょう。

```
$ kubectl rollout restart deployment.v1.apps/ledweb-deploy
```

kubectl rollout restartを用いることでデプロイに関連するPodを再起動することが可能です。点滅周期が1秒に3回に変わることが確認できるはずです。

Secretで機密情報を管理する

設定データの中にはデータベースへのアクセスパスワードなどのような機密情報があります。こうした情報は漏洩しないように注意して扱う必要があります。

このような情報のためにKubernetesはSecretというしくみを持っており、ConfigMapで保持するよりもよりセキュアに設定を保持できます。例えばSecretはノード上でtmpfs（RAMディスク）に保持されるため永続しないようになっているなどの違いがあります[注3]。

注3　詳細について知りたい場合は右記のSecretの設計文書を参照するとよいでしょう。 https://github.com/kubernetes/community/blob/master/contributors/design-proposals/auth/secrets.md

　また、機密情報が外部に漏洩しないようにするのは当然ですが、開発者に対しても必要以上に開示すべきではありません。なぜなら、開発者は本番機の機密情報を知らなくても基本的には開発できるからです。開発者がDBへのアクセス情報を容易に閲覧できる環境では、開発中にDBに直接アクセスして手でSQLを実行するといった事をしてしまうかもしれません。その際うっかり間違った更新文を実行したりすればDBの内容に致命的な損傷を与えかねません。

　図5.1（上）はデプロイ定義の中に直接データベースのパスワードを記述してしまった例です。通常デプロイ定義の中にはアプリケーションを起動する際の設定が含まれていますから、ソースコードレポジトリの中にデプロイ定義を置いて開発者にアクセスできるようにすることが多いでしょう。つまり、この構成だと開発者全員にデータベースのパスワードが容易に閲覧可能となってしまっています。また、このソースコードを外部のレビューやベンダの調査のために持ち出したりする際には、こうした機密情報を忘れず削除してから渡さなければなりません。

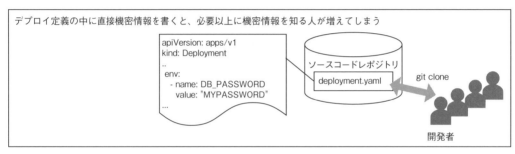

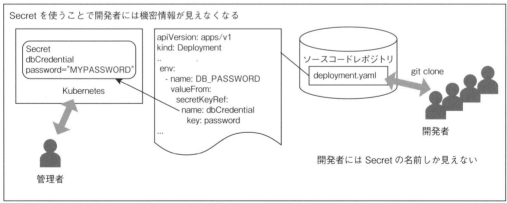

図5.1 Secretを使って機密情報を別管理する

　一方、**図5.1**（下）では、パスワードをKubernetesのSecretに保管し、デプロイ定義ではSecretの名前のみを指定しています。このため開発者には直接はパスワードは見えませんし、このソースコードを外部に渡す際にも機密情報を削除する必要がありません。

もちろん、開発者がその気になれば「アプリケーションのログにパスワードを出力する」といったコードを書いて機密情報を取得することも技術的には可能なため、過信は禁物です。しかし、そうしたコードを書けばソースやモジュールの管理履歴が残るため、それなりの覚悟が必要となり抑止効果も大きいでしょう。

Secretを作成する

Secretの作成自体はすでに第2章で行っています。その際は、レジストリへのアクセス情報には機密情報が含まれるため、Secretを使用して提供したのでした。

今回はもう少し詳しくSecretの作成について見てみましょう。

Secretをリテラルから作成する

ConfigMapと同様、一番簡単なのはリテラル（値の直接指定）でSecretを作成する方法でしょう。作成方法についてもConfigMapの際とほぼ同じです。

```
$ kubectl create secret generic my-secret --from-literal=username=myuser --from-
literal=password='topsecret'
```

my-secretがSecretの名前です。そして--from-literalのあとに<名前>=<値>という形式でSecretに設定する内容を指定しています。この例ではusernameとpasswordをリテラルを使って作成しています。このように--from-literalは複数指定が可能です。

設定内容を確認しましょう。

```
$ kubectl get secret my-secret -o=yaml
apiVersion: v1
data:
  password: dG9wc2VjcmV0
  username: bXl1c2Vy
kind: Secret
metadata:
  creationTimestamp: "2020-12-31T00:35:29Z"
  managedFields:
  - apiVersion: v1
    fieldsType: FieldsV1
    fieldsV1:
      f:data:
        .: {}
        f:password: {}
        f:username: {}
      f:type: {}
    manager: kubectl-create
```

```
↖
    operation: Update
     time: "2020-12-31T00:35:28Z"
  name: my-secret
  namespace: default
  resourceVersion: "7019378"
  selfLink: /api/v1/namespaces/default/secrets/my-secret
  uid: b758e21d-57cc-4448-8d10-210454643807
type: Opaque
```

データの部分はBase64エンコードされています。試しにデコードしてみましょう。

```
$ echo bXl1c2Vy | base64 -d
myuser

$ echo dG9wc2VjcmV0 | base64 -d
topsecret
```

うまく保存されているようですね。

SecretをYamlから作成する

　第2章で見た通り、SecretはYAMLから作成することも可能です。その場合はあらかじめ内容をBase64でエンコードしておく必要があります。

```
$ echo -n myuser | base64
bXl1c2Vy

$ echo -n topsecret | base64
dG9wc2VjcmV0
```

　なお、echoに-nを指定しているのは、改行文字が出力されるのを抑止するためです。-nがないとechoの出力結果の最後に改行文字が付加されるので結果が少し変化します。

```
$ echo topsecret | base64
dG9wc2VjcmV0Cg==
```

　これを使ってmy-secret.yamlを作成します。

Secretで機密情報を管理する

```
apiVersion: v1
kind: Secret
metadata:
  # (1)
  name: my-secret2
type: Opaque
data:
  # (2)
  password: dG9wc2VjcmV0
  username: bXl1c2Vy
```

(1)ではSecretに名前を付けています。リテラルからの作成ではmy-secretという名前にしたので、ぶつからないようにmy-secret2としました。そのうえで、(2)のようにキーと値をdataの下に指定します。値はBase64エンコードしたものを使用します。

このYAMLを使ってSecretを作成します。

```
$ kubectl apply -f my-secret.yaml
```

リテラルのときと同じように内容を読み出してみましょう。

```
$ kubectl get secret my-secret2 -o=yaml
apiVersion: v1
data:
  password: dG9wc2VjcmV0
  username: bXl1c2Vy
kind: Secret
metadata:
...
  name: my-secret2
  namespace: default
  resourceVersion: "27882051"
  selfLink: /api/v1/namespaces/default/secrets/my-secret2
  uid: f9eb524a-cebf-43c4-92e8-0eea2aaec727
type: Opaque
```

dataのところを見ると、リテラルから作成した場合と同じ値が設定されていることが分かります。

Secretを環境変数に割り当てる

第2章のレジストリへのアクセスでは、SecretをimagePullSecretsとして利用しました。もちろん、ConfigMapのように環境変数やマウントしたファイルとしてアプリケーションからアクセス可能にすることもできます。

デプロイ定義deploy-1.16-secenv.yamlを以下の通り作成します。

```
apiVersion: apps/v1
kind: Deployment
metadata:
  name: ledweb-deploy
  labels:
    app: ledweb
spec:
  replicas: 2
  selector:
    matchLabels:
      app: ledweb
  template:
    metadata:
      labels:
        app: ledweb
    spec:
      volumes:
        - name: my-volume
          hostPath:
            path: /var/fifo
      containers:
      - name: ledweb
        image: 192.168.0.200:5000/k8sled/rpi-led:1.16
        env:
          - name: MY_USER
            valueFrom:
              secretKeyRef:
                name: my-secret
                key: username
          - name: MY_PASSWORD
            valueFrom:
              secretKeyRef:
                name: my-secret
                key: password
        ports:
        - containerPort: 8080
        volumeMounts:
          - name: my-volume
            mountPath: /var/fifo
      imagePullSecrets:
      - name: registrypullsecret
```

ConfigMapのときと同様ですが、configMapKeyRefではなくsecretKeyRefを使用しています。

これを適用しましょう。

```
$ kubectl apply -f deploy-1.16-secenv.yaml
```

Podが起動したらコンテナ内の環境変数を見てみます。

```
$ kubectl exec -it $(kubectl get pod -o jsonpath='{.items[0].metadata.name}') -- printenv
PATH=/usr/local/sbin:/usr/local/bin:/usr/sbin:/usr/bin:/sbin:/bin
HOSTNAME=ledweb-deploy-65747ddcb8-fqnnr
TERM=xterm
MY_USER=myuser
MY_PASSWORD=topsecret
...
```

環境変数MY_USER、MY_PASSWORDが設定されていることが分かります。

ファイルの内容をSecretの値として使用する

機密情報はパスワードのような単純なテキストだけでなく、SSLクライアント証明書やSSHの秘密鍵のようにファイルである場合もあります。こういったケースではConfigMapのときと同様に--from-fileを用いてファイルの中身からSecretを作成し、それをマウントすることも可能です。

ここでは試しに/bin/sleepをそのままSecretとして追加してみます。

```
$ cp /bin/sleep file.bin
$ kubectl create secret generic secret-file --from-file=file.bin
```

内容を確認してみましょう。

```
$ kubectl get secret secret-file -o=yaml
apiVersion: v1
data:
  file.bin: f0VMRgE...
...
```

ファイルの内容はBase64でエンコードされることが分かります。

それではこれをアプリケーションから利用できるようにマウントしてみましょう。デプロイ定義deploy-1.16-secenv.yamlを作成します。

```
apiVersion: apps/v1
kind: Deployment
metadata:
  name: ledweb-deploy
  labels:
    app: ledweb
spec:
  replicas: 2
  selector:
    matchLabels:
      app: ledweb
```

```
  ⤾
  template:
    metadata:
      labels:
        app: ledweb
    spec:
      volumes:
        - name: my-volume
          hostPath:
            path: /var/fifo
        - name: my-secret
          secret:
            secretName: secret-file
      containers:
      - name: ledweb
        image: 192.168.0.200:5000/k8sled/rpi-led:1.16
        ports:
        - containerPort: 8080
        volumeMounts:
          - name: my-volume
            mountPath: /var/fifo
          - name: my-secret
            mountPath: "/etc/my-sec"
            readOnly: true
      imagePullSecrets:
        - name: registrypullsecret
```

　設定はおおむねConfigMapのときと同様です。まず、spec.template.spec.volumesに
secret要素を置き、その下のsecretNameで使用するシークレットを指定しています。そして
spec.template.containers.volumeMountsでこれをマウントするよう指定します。name
は利用するボリュームの名前、mountPathはコンテナ内のパスです。読み出しだけで済むのであれ
ばreadOnly: trueを指定します。これで/etc/my-sec/file.binとして見えるようになりま
す。Podが起動したら確認してみましょう。

```
$ kubectl exec -it $(kubectl get pod -o jsonpath='{.items[0].metadata.name}') -- md5sum /
etc/my-sec/file.bin
d57471f2dffe77864b0ec9200a171f8d  /etc/my-sec/file.bin
```

　同じ内容のファイルが見えているのかを確認するため、mdsumコマンドを使ってハッシュ値を計算
しました。同じようにしてRaspberry Pi上のファイルのハッシュ値も確認します。

```
$ md5sum file.bin
d57471f2dffe77864b0ec9200a171f8d  file.bin
```

　一致していることから、正しく設定されたことが分かります。

まとめ

本章ではアプリケーションの設定をまとめて管理するための方法を紹介しました。

- デプロイ定義中にenv要素を置いて、コンテナ内に環境変数を渡せる
- Dockerfile内でADDやCOPYを指定して設定ファイルを取り込める
- Dockerfile内でRUNを使用して設定ファイルを作成できる
- ホスト側に設定ファイルを置き、これをボリュームとしてマウントできる

一方でこうした方法にはデメリットもあります。

- 環境変数で渡す方法は簡単だが、キーと値で表現できるような単純なものに限られる
- デプロイ定義で環境変数を指定した場合、複数のアプリケーションで共通の設定をしたければ、それぞれに同じ設定を繰り返さなければならない
- Dockerfile内でビルド時にファイルを取り込んだり生成したりできるが、内容を変更したければビルドのし直しが必要になりイメージの可搬性が失われる
- ホスト側のファイルに設定を書きボリュームとしてマウントすることも可能だが、クラスタリング環境の場合はすべてのノードに同じファイルを配らなければならない

こうした問題を解決する方法としてKubernetesではConfigMapというしくみを用意しています。

- ConfigMapはキーと値のペアで作成することもできるし、値をファイルの内容で指定することもできる
- ConfigMapを作成したあと、その値をデプロイ定義の中で環境変数に割り当てられる
- ConfigMapを作成したあと、その値をデプロイ定義の中でボリュームとしてマウントできる

これにより同一の設定（ConfigMap）を複数のデプロイ定義で共有することが可能となり、また設定ファイルを複数ノードにコピーするといった作業が不要となります。なお、ボリュームとしてマウントした場合には、ConfigMapの中身を更新するだけで自動的にマウントされたファイルにも反映されます。

設定の中にはパスワードなどのようにセキュアに扱わなければならないものがあります。こういう設定を扱うためのしくみとしてKubernetesではSecretを提供しています。SecretはConfigMapとほぼ同じように使用できますが、Kubernetes上ではセキュリティに配慮して扱われます。

第 **6** 章

負荷に応じた
オートスケール

コンピュータの性能を調整することを「スケール」と呼びます。これには、「垂直スケール」と「水平スケール」の2種類があります。

アプリケーションを稼動しているサーバ（コンピュータ）自体の性能を調整するのが垂直スケールです。アプリケーションの性能が足りないときにはサーバの性能を上げ（スケールアップ）、余裕がある場合には性能を下げます（スケールダウン）。近年クラウドの普及により、ハードディスクの内容を保ったままCPU性能やメモリの量を調整することが簡単にできるようになりました。これにより負荷に応じてサーバの性能を調整することでコストを最適化することが可能になります。

一方の水平スケールでは、アプリケーションの性能が足りないときにはサーバの台数を増やしたうえで（スケールアウト）、前段にロードバランサを置いて負荷を分散します。逆に性能に余裕があるときはサーバの台数を減らします（スケールイン）。水平スケールもクラウドの普及によって実現が容易になりました。クラウドでは新たなサーバの追加、削除がメニューやAPIの実行によって数分で実現できるからです。

垂直スケールと水平スケールにはそれぞれメリットとデメリットがあります。例えば一般にコンピュータ1台あたりの価格に対する性能は線形には向上せず、ある程度以上の性能を得ようとすると急激に価格が上昇してしまいます。このため、特に大規模なシステムを構築する際に垂直スケールだけに頼ると、価格性能比が悪くなります。一方、水平スケールを用いるためには、アプリケーションを開発する時に複数のサーバで同時に実行されることを考慮しなければならないため、その分手間がかかるという欠点があります。

第1章の「負荷に応じたオートスケール」でも触れた通り、アプリケーションが利用される時間や時期には偏りがあります。1日の中で考えれば、日中は業務処理を実行しつつ、夜間には集計処理やバックアップなどの処理を行うことが多いでしょう。あるいは請求の業務などであれば、月の締めなど特定の日に偏る傾向があるでしょうし、特定の曜日に偏る処理もあるでしょう。アプリケーションに割り当てるサーバ資源を柔軟に調整するしくみがあれば、こういった際に全体としてより少ないサーバ台数で業務を賄うことが可能となります。Kubernetesではこれを水平Podオートスケーラにより実現できます。

本章ではまずこの水平Podオートスケーラについて見ていきます。

メトリクスに応じてPod数を自動調整する

水平Podオートスケーラの考え方は大まかに言うと以下のようになります。

1. なんらかの指標値（例えばCPU使用率）を決める
2. 指標値の目標値を決める
3. 指標値を実測する
4. 目標値に近づくようにPodの数を調整する

指標値には例えばCPUの使用率などを用います。まずはこのCPU使用率を測定できるようにしておきましょう。

CPU使用率を測定できるようにする

KubernetesにはMetrics Server[注1]というツールがあり、これをインストールすると**kubectl top**というコマンドで各PodのCPU使用率を見ることができるようになります。

まずはcurlを使って構成用のファイルをダウンロードします。

```
$ curl -O -L https://github.com/kubernetes-sigs/metrics-server/releases/latest/download/components.yaml
```

執筆時にデフォルトで使用されているバージョン0.4.4はそのままではうまく動きませんでしたので、取得した**components.yaml**をエディタで編集します。

```
command:
- /metrics-server
- --kubelet-insecure-tls
image: k8s.gcr.io/metrics-server/metrics-server:v0.4.4
imagePullPolicy: IfNotPresent
```

image:という行を見つけてその上に**command:**を含め3行分を追加しています。

編集できたら**kubectl apply**で適用します。

```
$ kubectl apply -f components.yaml
```

起動には時間がかかるため、数分待ってから**kubectl top**コマンドを実行します。

```
$ kubectl top pod
NAME                           CPU(cores)   MEMORY(bytes)
ledweb-deploy-78c4c68ddb-4lcdn   10m          33Mi
ledweb-deploy-78c4c68ddb-n62h6   7m           34Mi
```

注1　https://github.com/kubernetes-sigs/metrics-server

これでPodのCPU使用率が測定できるようになりました。なお m は「ミリ」を意味しているので、1000m で100%ということになります。

「重い」アプリケーションをデプロイする

現在のアプリケーションはほとんどCPUを消費しないので、わざと無駄な処理をしてCPUに負荷をかけるようにしたアプリケーションをデプロイしましょう。

  以降の動作の様子は動画で確認できます。
https://youtu.be/E9aXmxjA6pY

以下のような deploy-heavy.yaml を作成します。

```
apiVersion: apps/v1
kind: Deployment
metadata:
  name: ledweb-deploy
  labels:
    app: ledweb
spec:
  replicas: 2
  selector:
    matchLabels:
      app: ledweb
  template:
    metadata:
      labels:
        app: ledweb
    spec:
      volumes:
        - name: my-volume
          hostPath:
            path: /var/fifo
      containers:
      - name: ledweb
        image: 192.168.0.200:5000/k8sled/rpi-led:latest
        # (1)
        env:
        - name: BUSY_LOOP_COUNT
          value: "20000"
        ports:
        - containerPort: 8080
        volumeMounts:
         - name: my-volume
           mountPath: /var/fifo
        # (2)
        resources:
```

```
                 ↖
        limits:
            cpu: "500m"
        requests:
            cpu: "200m"
      imagePullSecrets:
      - name: registrypullsecret
      affinity:
        nodeAffinity:
          preferredDuringSchedulingIgnoredDuringExecution:
          - weight: 1
            preference:
              matchExpressions:
              - key: nodeclass
                operator: In
                values:
                - worker
```

　まず、(1)の**env:**を見ると分かる通り、今回のアプリケーションは環境変数**BUSY_LOOP_COUNT**が設定されていると、リクエストがあるたびに指定された回数ぶん乱数を生成するようになっています。

　また、(2)で**spec.template.spec.containers.resources**という項目を追加しています。**limits**のほうは最大の割り当て値で、仮にアプリケーションが無限ループなどに入ってCPUを消費しようとしても、Kubernetesによって最大でもこの割り当てまでに制限されます。一方**requests**のほうは必要とする割り当て値です。ここではCPUを対象としていますが、そのほかのリソースについても設定できます[注2]。なお、デプロイ定義にこのように**resources**の設定をしておかないと、このあとのオートスケールの指定を行っても正しく動作しない（リソースの現在の使用量に**<unknown>**と表示される）ので注意してください。

　このデプロイ定義を反映します。

```
$ kubectl apply -f deploy-heavy.yaml
```

 　今回は、Raspberry Piのmodel 3Bを使用しています。この場合は20,000回くらいを指定するとちょうどよい負荷になりました。もしも違うモデルの場合は、この値を適宜増減してみてください。

水平Podオートスケーラの動作を確認する

　それでは水平Podオートスケーラを設定しましょう。

注2　https://kubernetes.io/ja/docs/concepts/configuration/manage-resources-containers/

以下のように kubectl autoscale コマンドでオートスケールを設定できます。ここでは CPU の使用量が 20% になるように、Pod 数を 1 から 4 まで増減して調整するように指定しています。

```
$ kubectl autoscale deployment ledweb-deploy --cpu-percent=20 --min=1 --max=4
```

設定値は kubectl get hpa で確認できます。反映されるまで 1 分程度かかるので TARGETS が <unknown> から実際のパーセントが表示されるまで待ってください。

```
$ kubectl get hpa
NAME                REFERENCE                  TARGETS         MINPODS   MAXPODS   REPLICAS
AGE
ledweb-deploy       Deployment/ledweb-deploy   <unknown>/20%   1         4         0
4s

$ kubectl get hpa
NAME                REFERENCE                  TARGETS    MINPODS   MAXPODS   REPLICAS   AGE
ledweb-deploy       Deployment/ledweb-deploy   1%/20%     1         4         2          75s
```

この時点で、Pod の数を Online LED で確認してみましょう。デフォルトの Pod 数は 2 を指定していたはずですが、負荷がかかっていないためしばらくすると Pod 数が 1 に減らされるのが分かるでしょう。

kubectl get events でイベントを確認すると、Pod のサイズが調整されたことが分かります。

```
$ kubectl get events
2m50s       Warning   FailedComputeMetricsReplicas   horizontalpodautoscaler/ledweb-
deploy    invalid metrics (1 invalid out of 1), first error is: failed to get cpu
utilization: unable to get metrics for resource cpu: unable to fetch metrics from resource
metrics API: the server is currently unable to handle the request (get pods.metrics.k8s.
io)
95s         Normal    SuccessfulRescale              horizontalpodautoscaler/ledweb-
deploy    New size: 1; reason: All metrics below target
95s         Normal    ScalingReplicaSet              deployment/ledweb-deploy
Scaled down replica set ledweb-deploy-674f75bcdd to 1
```

 Pod の数が 1 になるまでに少し時間がかかることがあります。10 分くらい待ってみてください。

それでは負荷をかけてみましょう。まずは軽い負荷から試してみます。第 3 章で使用した loop.sh を今回も使用します。

これも第 3 章と同様、すでにサービスが存在することを確認し、もしないようなら作成しておきます。ここではサービスのポートが 32428 であったとして話を進めますので、適宜ご自分の環境に合わせてください。

最初はクライアント数を10として実行してみます。

```
$ seq 1 10 | xargs -t -n 1 -P 10 ./loop.sh http://192.168.0.200:32428
```

この状態でしばらく待っても、Online LEDは1つしか点滅しませんでした。水平Podオートスケーラの状態を見てみます。

```
$ kubectl get hpa

NAME            REFERENCE                  TARGETS   MINPODS   MAXPODS   REPLICAS   AGE
ledweb-deploy   Deployment/ledweb-deploy   15%/20%   1         4         1
7m43s
```

だいたい13%程度で推移しているようです。指標としている20%を下回っているので、Pod数（**REPLICAS**）は1で動作しています。

それでは負荷を3倍にしてみましょう。**loop.sh**を実行しているターミナルをCtrl+Cで停止し、パラメータを変更します。

```
$ seq 1 30 | xargs -t -n 1 -P 30 ./loop.sh http://192.168.0.200:32428
```

seqの引数を**1 30**にし、xargsの引数**-P**に**30**を指定し、クライアント数を30台に変更しました。計算上は1Podだと CPU 使用率39%となり、3台で分散すれば13%となるはずですね。

しばらくすると、CPUの平均使用率は手元の環境では49%に達しました。Pod数は3に増えています。

```
$ kubectl get hpa

NAME            REFERENCE                  TARGETS   MINPODS   MAXPODS   REPLICAS   AGE
ledweb-deploy   Deployment/ledweb-deploy   49%/20%   1         4         3
9m39s
```

その後もCPU使用率は徐々に上がり136%に達しました。

```
$ kubectl get hpa

NAME            REFERENCE                  TARGETS    MINPODS   MAXPODS   REPLICAS   AGE
ledweb-deploy   Deployment/ledweb-deploy   136%/20%   1         4         4          10m
```

Pod数は4に調整されています。デプロイ定義の設定ではCPU使用率の最大値は50%にしてありましたが、一時的にはこれを超える場合があることが分かります。

```
$ kubectl get hpa

NAME            REFERENCE                  TARGETS   MINPODS   MAXPODS   REPLICAS   AGE
ledweb-deploy   Deployment/ledweb-deploy   10%/20%   1         4         4          12m
```

　しばらく経過すると、CPU使用率が低下して10%ほどになりました。Podが4つになって分散したことでCPUの使用率が減少したことが分かります。

```
$ kubectl get hpa

NAME             REFERENCE                   TARGETS    MINPODS   MAXPODS   REPLICAS   AGE
ledweb-deploy    Deployment/ledweb-deploy    12%/20%    1         4         3          19m
```

　オートスケーラによってPod数が3に調整されたことが分かります。

　実際に動かしてみると、Podの数が増えるのに数分を要することが分かります。また一時的に計算値よりも多くのPodが起動されるケースもあることが分かります。これはPodを増やす際にアプリケーションの起動によってCPUが消費されること、CPU使用率の結果がオートスケーラに反映されるのに時間がかかることが原因と考えられます。

　このため実際にKubernetesを使用する場合、想定されるトラフィックを捌くことのできる計算上のPod数よりも余裕を見ておかなければ、十分にトラフィックを処理できないケースが発生するでしょう。特に今回はJavaを用いたアプリケーションのため、起動してすぐはインタープリタで動作し、その後JITコンパイルが起きて本来のパフォーマンスを発揮します。こういうケースでは起動直後は想定よりも大量にCPUを消費する傾向があり注意が必要です。

　なお今回はCPU使用率を指標として使用しましたが、ほかにメモリ使用量やカスタムの指標を使用することも可能です。詳細については Horizontal Pod Autoscaler [注3] を参照してください。

YAMLによる水平Podオートスケーラの設定

　今回は`kubectl autoscale`コマンドでオートスケーラの設定をしましたが、YAMLファイルでも同じことを行えます。

　まずは現在のオートスケーラを削除しておきましょう。

```
$ kubectl get hpa
NAME             REFERENCE                   TARGETS         MINPODS   MAXPODS   REPLICAS
AGE
ledweb-deploy    Deployment/ledweb-deploy    <unknown>/20%   1         4         0
3s

$ kubectl delete hpa ledweb-deploy
horizontalpodautoscaler.autoscaling "ledweb-deploy" deleted
```

　オートスケーラ用のYAMLファイルとして、以下のような**autoscale.yaml**を作成します。

注3　https://kubernetes.io/docs/tasks/run-application/horizontal-pod-autoscale/

128

```
apiVersion: autoscaling/v2beta2
kind: HorizontalPodAutoscaler
metadata:
  name: ledweb-deploy-autoscale
spec:
  minReplicas: 1
  maxReplicas: 4
  scaleTargetRef:
    apiVersion: apps/v1
    kind: Deployment
    name: ledweb-deploy
  metrics:
    - type: Resource
      resource:
        name: cpu
        target:
          averageUtilization: 20
          type: Utilization
```

これを適用することで **kubectl autoscale** コマンド同様の設定を行うことができます。

```
$ kubectl apply -f autoscale.yaml
horizontalpodautoscaler.autoscaling/ledweb-deploy-autoscale created

$ kubectl get hpa
NAME                      REFERENCE                TARGETS   MINPODS   MAXPODS
REPLICAS   AGE
ledweb-deploy-autoscale   Deployment/ledweb-deploy   15%/20%   1         4           2
18s
```

ノードの数自体を自動調整する

　ここまで説明してきた水平Podオートスケーラがあればより効率的なリソースの運用が可能になりますが、ノードの数自体を増やしているわけではないため限界もあります。このため多くのクラウドでは、ノード（仮想サーバ）の発注をAPIを通じて行うことで、負荷が上がってきたら自動的にノードを増やし、負荷が下がってきたら自動的にノードの数を減らすことが可能となっています。特にクラウドベンダが提供するマネージドのKubernetesサービスを使う場合には、その機能の1つとしてノードのオートスケール機能が提供されていることが多く、それを利用するのが一般的です。

　クラウドのノード発注APIはクラウドベンダ間で互換性がないため、残念ながら現時点ではある程度クラウドベンダに依存してしまいます（共通化しようという動きもあります[注4]）。とはいえ、ベンダ中立で作成されているノードのオートスケールを実現するためのプロジェクトもいくつかあります。今

注4　https://cluster-api.sigs.k8s.io/

回はRaspberry Piの台数を自動増減することはできないため残念ながら試すことができませんが、以降で紹介するCluster Autoscaler[注5]もそうしたプロジェクトの1つです。

Cluster Autoscaler

Cluster Autoscalerは次のような状況になったときにクラスタのサイズを調整するスタンドアロンのプログラムです。

- リソース不足でPodが実行できないとき
- クラスタ内のノードが一定時間利用可能とならない状態が続いており、Podが実行できるノードを待っているとき

Cluster Autoscalerの特徴は、単なるCPU使用率によるスケールではない点です。単にCPU使用率だけを見てしまうと、動かすPodがないのにノードを起動してしまったり（Podの最大数はレプリカ数で設定されているため、このようなことが起こりえます）、システムで重要なPodが稼動しているノードを削除してしまったりといったことが起こりえます。クラウドベンダが提供するオートスケール機能の中には単にCPU使用率のみに依存しているものがあるため、実際に利用にあたっては適切に運用できるか注意が必要でしょう。

以降では、このCluster Autoscalerの機能や動作をかいつまんで見ていくことにします。

Podの優先順位によるスケジューリング

Kubernetesでは、バージョン1.9よりPodの優先順位（Priority and Preemption）を設定する機能が導入されました。リソースが不足している状況に陥ると、Kubernetesはこの優先順位に従ってPodのスケジューリングを行います。

Cluster AutoscalerはデフォルトではすべてのPodに十分なリソースが割り当てられるようにノード数を調整しますが、この優先順位を考慮して「ベストエフォート」で最小限のリソースの消費に留めることも可能です。これはPodの優先順位に下限（カットオフ）を指定し、この下限未満の優先順位を持つPodについては、以下のような動作を行います。

- これらのPodのためだけにノードをスケールアウトしない
- これらのPodしか動作しないノードはスケールインの対象にする

注5　https://github.com/kubernetes/autoscaler/tree/master/cluster-autoscaler

デフォルトのカットオフは-10で、これは設定で変更できます。

スケールアウトの動作

スケールアウトの処理はどのように行われるのでしょうか。

スケールアップを行うべきは、Podが稼動できるノードが見つからない場合です。例えばPodに設定したCPUの使用量を満たせるノードが存在しない場合がこれに該当します。Cluster AutoscalerはAPIサーバを監視しており、デフォルトでは10秒おきにこのような「スケジュール不能」なPodがないかをチェックし、もし見つかればこれを実行できる場所を探しはじめます。

ただし、Cloud Autoscalerは「クラスタのノードがグループに別れており、同一グループに所属するノードが同じ性能を持っている」ことを前提として動作しています。したがって、そのPodが既存のノードの性能では要求を満たせないのであれば、同一グループ内のノードを増やしても意味がありません。

このため、Cloud Autoscalerはノードグループのテンプレートを作成し、これを見ながらPodが稼動できるノードを探していきます。もしも対象Podが1つしかなければ単純ですが、スケジュール待ちのPodが複数ある場合にどのようにノードを増やすかは少し複雑です[注6]。

そして、こうして見つかったノードに追加のリクエストを行います。リクエストしてから実際にKubernetesのノードとして認識されるまで、デフォルトでは15分待ちます（**--max-node-provision-time**で変更可能）。この時間が経過してもノードが追加されなければ、別のノードグループを試します。

スケールインの動作

一方、スケールインはどうでしょうか。Cloud Autoscalerは、スケジュール待ちのPodがなければ、デフォルトは10秒おきに不要ノードを探します（**--scan-interval**で変更可能）。

この際、以下をすべて満たしているノードは不要と判断されます。

- Podが要求するCPU、メモリの総量が、そのノードの性能の50%を切っている（この値は --scale-down-utilization-threshold で変更可能）
- そのノードのすべての実行中Podが、ほかのノードに移動可能である（ただし、manifest-runで指定

注6 詳細について知りたい場合は以下の「What are Expanders?」を参照してください。
注6　詳細について知りたい場合は以下の「What are Expanders?」を参照してください。
https://github.com/kubernetes/autoscaler/blob/master/cluster-autoscaler/FAQ.md#what-are-expanders

されるようなすべてのノードでの実行を要求されている Pod や、定期実行のための Pod は除く）
- スケールインの対象外であるアノテーションがそのノードに付けられていない

　ただし、不要と判断されてすぐに削除されるわけではありません。デフォルトではノードが10分以上不要と判断されたときにはじめて削除されることになっています。

　また、削除対象のノードで稼動していた Pod を別のノードが受け入れなければならないことにも注意する必要があります。この際新たにスケジュール不能 Pod を生み出してしまわないよう、一度に削除するノードは1つのみとなっています。

　すなわち、「1つのノードが削除されたあと、そこから10分不要なノードを探し、再び不要なノードが存在すればそれを削除する」という挙動となります（この挙動は **--max-empty-bulk-delete** オプションで変更可能）。

まとめ

　Kubernetesの水平 Pod オートスケーラは、Pod の数を調整することで負荷に対応する機能です。稼動時間帯に偏りがある複数のアプリケーションを Kubernetes 上にデプロイして水平 Pod オートスケーラを使用すれば、別々に稼動環境を用意するよりもより少ない資源でアプリケーションを稼動させられる可能性があります。

　本章では主に、この水平 Pod オートスケール機能の動作を観察しました。水平 Pod オートスケーラを利用するには、指標値（CPU 使用率やメモリ使用量など）に対する目標値を決め、Pod 増減の最小数と最大数を指定します。

　Kubernetes が Pod の平均 CPU 使用率を取得するまでにはある程度の時間を要するため、実際に Pod の数が調整されるまでにはタイムラグがあります。Pod の起動時に CPU の消費が多いアプリケーションでは、Pod 起動にともなって一時的に CPU 使用率が上がってしまうため、想定よりも多い Pod 数に調整されることがあります。

　クラウドによって提供されるマネージドな Kubernetes の多くでは、ノード数自体を自動調整するオートスケーラ機能が提供されており、それを使用してアクセス数の増減に対処できます。今回のような Raspberry Pi 環境では自動で Raspberry Pi の数を増やすことはできないため、本章では Cluster Autoscaler のアーキテクチャを紹介しました。

　Cloud Autoscalerは、ベンダ中立で作成されているスタンドアロンのプログラムで、クラスタのサイズを自動調整します。単にCPU使用率だけを見るのではなく、スケジュールされていないPodの存在をもとに最適なノード数を計算するのが特徴です。またPodの優先順位を加味することも可能です。

第 **7** 章

Kubernetesの
その他の機能

　本章では、これまでに紹介していないその他のKubernetesの機能として、定期的な処理の実行と状態を持つアプリケーションの管理について見ていきます。

定期的に処理を実行する

　前章までで使ってきた「目に見えるWebサーバ」のようにリクエストに対して処理を行うのではなく、定期的に何かの処理を行いたいことがあります。例えば以下のようなものが挙げられるでしょう。

- データベース上のレコードが増えすぎないように、定期的に古くなったレコードを削除する
- 外部システムにアクセスするためにトークンが必要だが、このトークンに寿命があるため定期的に更新する
- リクエストのたびに毎回計算すると処理に時間がかかりすぎる集計処理があるので、定期的に集計結果を作成しておき、普段は結果のほうを見せるようにする

　特に処理量が膨大な場合は、ほかの処理への影響を避けて夜間にまとめて実施されることが多いです。こうした「夜間バッチ」では、「ある処理Aの結果を別の処理Bの入力として用いる」という処理手順（フロー）を組み上げて、全体として膨大な量の処理を実施します。

　現状のKubernetesには、こうした処理のための特別なしくみは用意されていません。もちろん今後用意されるかもしれませんが、その可能性は高くないでしょう。なぜなら、Kubernetesのようなしくみはノードやネットワークに異常が起きることを前提としており、そうした環境で巨大な一連の処理手順を途中で止めずに実施することは、あまり現実的ではないからです。

　とういのも、夜間バッチのような巨大な処理手順を実施できる背景には、社内で厳重に管理、冗長化されたサーバ群やネットワークの存在があるためです。夜間バッチはこうした「厳重に管理された資源」を前提とした処理の1つで、ほかにも2フェーズコミットのような高度なトランザクション処理もその一種と言えます。Kubernetesのようなしくみは、あまり信頼性が高くはない、しかし安価なノードやネットワークを用い、いかに高い可用性を実現するかという点に焦点をあてているのです。

　つまりKubernetesの定期実行のしくみを使うのであれば、1つ1つの処理を小さなものとして、失敗したとしても自動再実行で回復できるように設計すべきです。逆に言えば、そうでないものを現状のKubernetes上で無理に稼動させるべきではないでしょう。

　とはいえごく簡単な定期処理であれば、Kubernetes上で行えると便利なことも多いでしょう。本節ではその例として定期的にLEDを点滅する処理をKubernetes上で行ってみることで、バッチ処理に特

有の留意点を紹介します。

定期的にLEDを点滅する

それではKubernetesの定期処理を使ってLEDの点滅を実行してみましょう。すでにほかのデプロイがある場合には削除しておきます。

```
$ kubectl get deploy
NAME            READY    UP-TO-DATE    AVAILABLE    AGE
ledweb-deploy   1/1      1             1            5d15h

$ kubectl delete deploy ledweb-deploy
deployment.apps "ledweb-deploy" deleted
```

すべてのLEDが消灯したことを確認したら、cronジョブを作成します。

以降の動作の様子は動画で確認できます。
https://youtu.be/6YZ9-hogOeE

まずは次のような定義ファイルbatch.yamlを作成します。

```
apiVersion: batch/v1
# (1)
kind: CronJob
metadata:
  name: blink
spec:
  # (2)
  schedule: "*/1 * * * *"
  jobTemplate:
    spec:
      template:
        spec:
          # (4)
          volumes:
            - name: my-volume
              hostPath:
                path: /var/fifo
          containers:
          - name: blink
            # (3)
            image: busybox
            # (5)
            env:
            - name: MY_POD_IP
              valueFrom:
```

```
                fieldRef:
                    fieldPath: status.podIP
            imagePullPolicy: IfNotPresent
            args:
            - /bin/sh
            - -c
            - echo $MY_POD_IP:o > /var/fifo
            volumeMounts:
              - name: my-volume
                mountPath: /var/fifo
        restartPolicy: OnFailure
```

cronジョブの定義には、(1)の通りkindにCronJobを指定します。そして、(2)のspec.scheduleにcrontab形式でスケジュールを記載します。今回は毎分を指定しています。

また、今回はシェルスクリプトが動けばよいため、(3)でbusyboxという軽量なコンテナイメージを使用しています。LEDを制御するため、(4)の通り/var/fifoのマウント指定をしている点はこれまでと同じです。そして、シェルスクリプト内でPodのIPアドレスを取得するために、(5)でenvを指定しています。このようにvalueFromを指定することでPodの情報を環境変数に引き出せます。

環境変数で利用できるPodの状態はkubectl get pod <pod> -o yamlを実行すると確認できます。ここではこのコマンドを実行したときに表示される情報のうち、statusの中のpodIPという項目を引き出しているというわけです。

batch.yamlを適用します。

```
kubectl apply -f batch.yaml
```

これで、1分に1回オンラインLEDが点滅するようになります。

これまではkubectl get deployでデプロイを確認しkubectl get podsで実際に稼動しているコンテナを確認していました。一方今回のようにcronジョブの場合は、kubectl get cronjobでcronジョブを確認し、kubectl get jobsでジョブの実行状況を確認します。

まずはkubectl get cronjobの結果を見てみましょう。LAST SCHEDULEを見ることで最後にいつ実行されたかが分かります。

```
$ kubectl get cronjob
NAME    SCHEDULE      SUSPEND   ACTIVE   LAST SCHEDULE   AGE
blink   */1 * * * *   False     0        27s             26m
```

kubectl get jobsでは過去のジョブの実行結果が分かります。AGEを見ると1分に1度実行され

ていることが分かるでしょう。

```
$ kubectl get jobs
NAME                COMPLETIONS   DURATION   AGE
blink-1610928180    1/1           4s         2m38s
blink-1610928240    1/1           4s         98s
blink-1610928300    1/1           5s         37s
```

ジョブが失敗した時のふるまい

もしもジョブが失敗するとどうなるのでしょうか？ わざと失敗させてみましょう。

以降の動作の様子は動画で確認できます。
https://youtu.be/wWsKj97epDw

まずは次のような`batch-fail.yaml`を用意します。

```
apiVersion: batch/v1
kind: CronJob
metadata:
  name: blink
spec:
  # (1)
  schedule: "*/3 * * * *"
  jobTemplate:
    spec:
      template:
        spec:
          volumes:
            - name: my-volume
              hostPath:
                path: /var/fifo
          containers:
          - name: blink
            image: busybox
            env:
            - name: MY_POD_IP
              valueFrom:
                fieldRef:
                  fieldPath: status.podIP
            imagePullPolicy: IfNotPresent
            # (2)
            args:
            - /bin/sh
            - -c
            - echo $MY_POD_IP:o > /var/fifo; sleep 5; exit 1
```

```
↖
          volumeMounts:
          - name: my-volume
            mountPath: /var/fifo
      # (3)
      restartPolicy: OnFailure
```

(1)の通り、スケジュールは3分に1回にしました。一方、(2)の通り実行は5秒sleepしてからexit 1で異常終了するようにしています。(3)でrestartPolicyにOnFailureを指定している点については後述します。

これまで通りkubectl applyで適用して様子を見ます。

```
$ kubectl apply -f batch-fail.yaml
cronjob.batch/blink configured

$ kubectl get jobs
NAME             COMPLETIONS   DURATION   AGE
blink-27000537   0/1           6m38s      6m38s
blink-27000540   0/1           3m38s      3m38s
blink-27000543   0/1           38s        38s
```

COMPLETIONSが0/1でジョブの失敗が認識されていることが分かります。また、restartPolicyにOnFailureを指定しているため、実際には再実行が行われています。 以下のようにPodの様子を見ると、CrashLoopBackOffになっています。

```
$ kubectl get pods
NAME                   READY   STATUS             RESTARTS   AGE
blink-27000510-lzgbw   0/1     CrashLoopBackOff   3          90s
```

第4章の「アプリケーションが起動するものの、すぐに異常終了してしまう」でも見た通り、失敗して再実行するまでの時間を10秒、20秒、40秒……と倍にしながら再実行しているのです。この待ち時間はデフォルトでは5分が最大で、10分たっても失敗が解消されないとあきらめます。

kubectl describe podを確認することで、再実行回数が分かります。

```
$ kubectl describe pod blink-27000510-lzgbw
...
  Last State:    Terminated
    Reason:      Error
    Exit Code:   1
    Started:     Mon, 03 May 2021 09:30:28 +0100
    Finished:    Mon, 03 May 2021 09:30:33 +0100
  Ready:         False
  Restart Count: 3
```

Restart Countの値から、この例では3回再実行が行われていることが分かります。

再実行と二重起動

10分再実行しても解消しなければあきらめると上述しました。しかし、起動間隔は3分に設定してあります。最初の実行から3分以上経つとどうなるのでしょう？

実際に確認してみると、以下のようにPodが2つ起動しています。この結果には驚くかもしれません。

```
$ kubectl get pods
NAME                    READY   STATUS             RESTARTS   AGE
blink-27000546-lpwz7    0/1     CrashLoopBackOff   5          4m41s
blink-27000549-tbsmx    0/1     CrashLoopBackOff   3          101s
```

そして、9分経過するとPodの数は3つになりました。

```
$ kubectl get pods
NAME                    READY   STATUS             RESTARTS   AGE
blink-27000549-tbsmx    0/1     CrashLoopBackOff   5          6m4s
blink-27000552-mt8qf    0/1     CrashLoopBackOff   4          3m4s
blink-27000555-t7hsc    0/1     ContainerCreating  0          4s
```

このようにcronジョブは二重起動されてしまう場合があるため、実際に呼び出される処理の中で二重起動されても問題ないような設計にしておく必要があります。

cronジョブ処理の突き抜け

先ほど観察したのはエラー再実行による二重起動の様子です。では、もしも1分に1度の定期処理で1分以上の処理時間がかかってしまう場合はどうなるのでしょうか？

以降の動作の様子は動画で確認できます。
https://youtu.be/z8UdPXWjxI4

それを観察するために、以下のような`batch-slow.yaml`を作成します。

```
apiVersion: batch/v1
kind: CronJob
metadata:
  name: blink
spec:
  schedule: "*/1 * * * *"
  jobTemplate:
    spec:
      template:
```

```
  spec:
    volumes:
      - name: my-volume
        hostPath:
          path: /var/fifo
    containers:
    - name: blink
      image: busybox
      env:
      - name: MY_POD_IP
        valueFrom:
          fieldRef:
            fieldPath: status.podIP
      imagePullPolicy: IfNotPresent
      args:
      - /bin/sh
      - -c
      - for i in `seq 0 89`; do echo $MY_POD_IP:o > /var/fifo; sleep 1; done
      volumeMounts:
       - name: my-volume
         mountPath: /var/fifo
    restartPolicy: OnFailure
```

1分に1度起動するようにし、そのうえで処理に1分半かかるようにしました。分かりやすいよう実行中はOnline LEDを1秒間隔で点滅し続けるようにしてあります。

これを適用し、しばらく経って様子を見てみましょう。

```
$ kubectl apply -f batch-slow.yaml
cronjob.batch/blink configured

$ kubectl get jobs
NAME                 COMPLETIONS   DURATION   AGE
blink-1611010560     1/1           96s        4m5s
blink-1611010620     1/1           98s        3m11s
blink-1611010680     1/1           95s        2m10s
blink-1611010740     0/1           70s        70s
blink-1611010800     0/1           9s         9s
```

AGEを見ると1分に1度実行されていることが分かります。このことから前回の実行が終了する前に次の実行が開始されることが分かります。

このようにジョブの処理に時間がかかりすぎて次のスケジュールの時間が来てしまった場合の挙動は、concurrencyPolicyで変更できます。設定できる選択肢は次の通りです。

- Allow：同時実行を許可する。スケジュールのタイミングで前のジョブが動作していても新たにジョブを作成する

- Forbid：同時実行を許可しない。スケジュールのタイミングで前のジョブが動作したらジョブは作成しない
- Replace：同時実行を許可しない。スケジュールのタイミングで前のジョブが動作したら、前のジョブを中断して新たなジョブを作成する

以降の動作の様子は動画で確認できます。
https://youtu.be/hX5-2EplyFc

　通常、ジョブは2重起動してほしくないケースが多いでしょう。そこで、次にspec.concurrencyPolicyにForbidを指定したbatch-forbid.yamlを作成します。

```
apiVersion: batch/v1
kind: CronJob
metadata:
  name: blink
spec:
  schedule: "*/1 * * * *"
  concurrencyPolicy: Forbid
  jobTemplate:
...
```

　これを適用し、しばらく経って様子を見てみましょう。

```
$ kubectl apply -f batch-forbid.yaml
cronjob.batch/blink configured

$ kubectl get jobs
NAME                COMPLETIONS   DURATION   AGE
blink-1611012240    1/1           95s        5m16s
blink-1611012360    1/1           95s        3m35s
blink-1611012480    1/1           96s        114s
blink-1611012540    0/1           13s        13s
```

　AGEを見ると、およそ100秒ほど間が空いています。90秒でないのは停止してから次のジョブ起動に10秒ほどかかるためでしょう。Online LEDを見ていると、前のように2つのLEDが同時に点滅する状況は起きていないことが分かります。

> ⚠ Forbidを指定したからといって、必ず2重起動を防げるわけではないことに注意してください。「Running Automated Tasks with a CronJob」（https://kubernetes.io/docs/tasks/job/automated-tasks-with-cron-jobs/）の冒頭に注意書きがある通り、状況によって2つのJobが同時に生成されてしまうことがあります。前節でもエラー時の再実行で二重起動されてしまうケースを見ました。やはり、ジョブは二重起動されても大丈夫なように、またべき等（何度実行しても同じ結果）になるように設計する必要があります。
>
> そのほかのcronジョブに関連するの制限については「CronJob limitaions」（https://kubernetes.io/docs/concepts/workloads/controllers/cron-jobs/#cron-job-limitations）に記載があるので、実際に使用する際には目を通しておくとよいでしょう。

一時的にcronジョブの実行を抑止したい

　cronジョブを利用して、データベース上の古いレコードを消す処理を実行しているとしましょう。このデータベースを保守のために止めると、データベースの停止中にcronジョブが起動されたり、あるいはちょうどcronジョブの実行中にデータベースを停止してしまったりするかもしれません。もちろんcronジョブは上に書いた通りべき等で動作するように設計してあるはずなので、エラーになったとしてもデータベースが復帰したあとに再実行されるでしょう。とはいえ、無用なエラーが発生するのはできれば避けたいものです。

　こういった際には、一度cronジョブを削除したうえで、データベースの保守が終わってからcronジョブを作成し直すというのがわかりやすいでしょう。ただしほかにも、cronジョブをサスペンド状態にするという方法があります。これはcronジョブの`spec.suspend`に`true`を設定することで行えます。

以降の動作の様子は動画で確認できます。
https://youtu.be/9Crx2Njz4Kg

　まず、先ほどの`batch-forbid.yaml`を使ってバッチを起動しましょう。

```
kubectl apply -f batch-forbid.yaml
```

　何度かジョブが起動したことを確認したら、次に`kubectl patch`を使って実行中のcronジョブをサスペンドします（`kubectl patch`については次章の「アプリケーションの稼動環境のパラメータをちょっと変更して試してみたい」で詳しく解説します）。

```
$ kubectl patch cronjob blink -p '{"spec":{"suspend":true}}'
cronjob.batch/blink patched

$ kubectl get cronjob
NAME    SCHEDULE     SUSPEND   ACTIVE   LAST SCHEDULE   AGE
blink   */1 * * * *  True      1        51s             49m
```

サスペンド状態は、`kubectl get cronjob`で SUSPEND の列を見ると分かります。サスペンド状態になると、それ以降はジョブが開始されなくなります。

```
$ kubectl get jobs
NAME               COMPLETIONS   DURATION   AGE
blink-1611100440   1/1           97s        6m9s
blink-1611100500   1/1           95s        5m19s
blink-1611100560   1/1           94s        4m18s
```

サスペンドを解除するには、`spec.suspend`に`false`を設定します。

```
$ kubectl patch cronjob blink -p '{"spec":{"suspend":false}}'
cronjob.batch/blink patched

$ kubectl get cronjob
NAME    SCHEDULE     SUSPEND   ACTIVE   LAST SCHEDULE   AGE
blink   */1 * * * *  False     0        5m9s            53m
```

サスペンド解除とともに、またジョブが実行されるようになることが分かります。

```
$ kubectl get jobs
NAME               COMPLETIONS   DURATION   AGE
blink-1611100440   1/1           97s        7m10s
blink-1611100500   1/1           95s        6m20s
blink-1611100560   1/1           94s        5m19s
blink-1611100860   0/1           6s         6s
```

このようにサスペンド機能を使用すれば、cron ジョブを一時的にサスペンドして新たにジョブを開始しないように制御できます。もちろんサスペンド状態にしても、その時点ですでに実行中のジョブは実行を継続していますので、すべてのジョブが終了するまで待つ必要があることに注意してください。

状態を持つアプリケーションを管理する

Kubernetesでリレーショナルデータベースを稼動させるケースを考えてみましょう。この際、ホスト側にデータを格納するためのディレクトリを用意し、それをボリュームとしてマウントできることはこれまで見てきた通りです。しかし、この方法には以下のような課題があります。

• ノードの障害が起きるとボリューム上のデータを失うかもしれない

- 一般にリレーショナルデータベースでクラスタリングする場合には、書き込みを行うノードを1つに制限し、リプリケーション機能によって読み出し専用のノードにデータをコピーすることで負荷を分散する。したがって、書き込みを行うノードが複数起動してしまうとデータが破損する可能性がある

1つ目の課題については、NFSなどのファイルサーバにデータを置くようにして、これを冗長化することで対処できます。

2つ目については、Kubernetesの機能で`replicas`を1にしておけば一見問題がないように見えます。しかし例えば「ワーカノード0とNFSとの間の通信は正常なのに、ワーカノード0とマスタノードとの通信に異常がある」といったケースでは、別のノード（例えばワーカノード1）にPodを起動してしまいます（**図7.1**）。通常のアプリケーションであればこの挙動に問題はありませんが、データーベースの場合には書き込みを行うPodが2つ起動してしまうため、データの破損を引き起こす可能性があります。

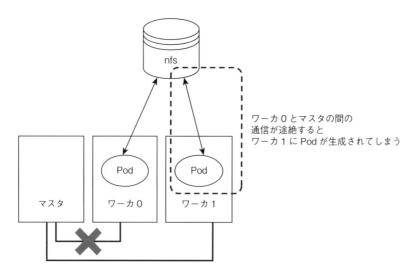

図7.1 Pod2つからの書き込み

Kubernetesでは、データベースのようにアプリケーションが状態を持つ場合に使用できる「ステートフルセット」というしくみがあります。今回はこの挙動を見てみましょう。

Kubernetes上でのボリュームの作成

これまで、LEDサーバとの通信に使用するFIFOとして、ホスト側のパスを直接指定してマウントし、使用していました。この方法は簡便ですし、今回のようにホストの特定のパスを利用すること自体が目的の場合には良い方法です。

　しかし、デプロイ定義の中にホスト側のパスが直接記載されているのは汎用性に欠けていると言えます。そこでKubernetesにはデプロイ定義がボリュームの細かな定義に直接依存することを避ける手法が用意されています。今回はこの方法を使用してみましょう。

　具体的には次の手順でボリュームを利用します。

- 永続ボリューム（Persistent Volume）のプロビジョナを設定する
  ボリュームの細かな定義はこの中に吸収される
- 永続ボリューム要求（Persistent Volume Claim）を作成する
  ボリュームの「要求」の定義。どのくらいの容量を使いたいのか、読み取り専用なのかといった情報を記載する
- デプロイ定義の中でボリュームを定義する
  このとき、上で作成した永続ボリューム要求を指定する

　なお、マネージドなKubernetesであれば、永続ボリュームのプロビジョナはクラウドベンダから提供されるため、自分で設定することはあまりありません。今回はRaspberry Pi上に自分でKubernetesを導入しているので、1のプロビジョナも自分で用意する必要があります。

NFSサーバの導入

　まずデータを保管する場所としてNFSを構築しましょう。以下の通りマスタノードにnfs-kernel-serverをインストールします。

```
$ sudo apt-get update
$ sudo apt install nfs-kernel-server
```

　次にマウントディレクトリを作成します。

```
$ sudo mkdir /mnt/data
$ sudo chown pi:pi /mnt/data
```

　NFSの定義を/etc/exportsに記載します。以下の内容のファイルを/etc/exportsという名前で作成します。

```
/mnt/data 192.168.0.0/24(rw,sync)
```

　NFSサーバを再起動します。

```
$ sudo exportfs -ra
```

これでサーバ側の準備ができました。ワーカノードのほうにもマウントディレクトリを作成します。

```
$ sudo mkdir /mnt/data
$ sudo chown pi:pi /mnt/data
```

マウントを実行します。

```
$ sudo mount 192.168.0.200:/mnt/data /mnt/data
```

これでワーカノードの/mnt/dataにアクセスするとマスタノードの/mnt/dataが見えるようになります。両方のワーカノードでこれを実行しておきます。

以上が完了したら、うまくいっているかを確認するために、まず片方のワーカノード（例えばワーカノード0）で以下の通りデータを書き込んでみます。

```
$ echo hello > /mnt/data/hello
```

これをもう一方のワーカノード（例えばワーカノード1）で読み出してみます。

```
$ cat /mnt/data/hello
hello
```

うまくいっているようです。

プロビジョナのインストール

続いて、このNFSをKubernetesの永続ボリュームとして利用できるようプロビジョナをインストールします。作業はマスタノードで行います。

最初にプロビジョナが使用するディレクトリを作成しておきます。プロビジョナはユーザnobody、グループnogroupでアクセスするため、権限も変更します。

```
$ mkdir /mnt/data/kubernetes
$ sudo chown nobody:nogroup /mnt/data/kubernetes
```

Gitでプロビジョナを入手するため、Gitをインストールします。

```
$ sudo apt-get update
$ sudo apt install git
```

プロビジョナを入手します。

```
$ cd
$ git clone https://github.com/kubernetes-sigs/nfs-subdir-external-provisioner/
$ cd nfs-subdir-external-provisioner
```

deploy/rbac.yamlを適用して認証の設定をします。

```
$ kubectl apply -f deploy/rbac.yaml
serviceaccount/nfs-client-provisioner created
clusterrole.rbac.authorization.k8s.io/nfs-client-provisioner-runner created
clusterrolebinding.rbac.authorization.k8s.io/run-nfs-client-provisioner created
role.rbac.authorization.k8s.io/leader-locking-nfs-client-provisioner created
rolebinding.rbac.authorization.k8s.io/leader-locking-nfs-client-provisioner created
```

deploy/deployment.yamlの中にNFSサーバのホストとパスを設定する箇所があるので、そこを修正します（それぞれ2箇所あるので、ホストを192.168.0.200に、パスを/mnt/data/kubernetesに変更します）。

```
apiVersion: apps/v1
kind: Deployment
...
          env:
            - name: PROVISIONER_NAME
              value: k8s-sigs.io/nfs-subdir-external-provisioner
            - name: NFS_SERVER
              value: 192.168.0.200
            - name: NFS_PATH
              value: /mnt/data/kubernetes
      volumes:
        - name: nfs-client-root
          nfs:
            server: 192.168.0.200
            path: /mnt/data/kubernetes
```

適用します。

```
$ kubectl apply -f deploy/deployment.yaml
deployment.apps/nfs-client-provisioner created
```

ストレージクラスの定義を適用します。

```
$ kubectl apply -f deploy/class.yaml
storageclass.storage.k8s.io/managed-nfs-storage created
```

プロビジョナが立ち上がるのを確認します。

```
$ kubectl get pod
NAME                                      READY   STATUS    RESTARTS   AGE
nfs-client-provisioner-6b65664d58-549lz   1/1     Running   0          37s
```

以上でKubernetesから永続ボリュームが使用できるようになりました。使用する時にはストレージ

クラスの名前として`managed-nfs-storage`を使用します。

永続ボリューム要求を作成する

永続ボリューム要求を`pvc.yaml`という名前で作成します。

```
kind: PersistentVolumeClaim
apiVersion: v1
metadata:
  name: my-claim
  annotations:
    volume.beta.kubernetes.io/storage-class: "managed-nfs-storage"
spec:
  # (1)
  storageClassName: managed-nfs-storage
  # (2)
  accessModes:
    - ReadWriteOnce
  # (3)
  resources:
    requests:
      storage: 1Mi
```

まず、先ほど触れた通り(1)の``spec.storageClassName``で`managed-nfs-storage`を指定します。

(2)の`spec.accessModes`にはアクセス方法を指定しています。`ReadWriteOnce`は1ノードからの読み書きを意味します。これ以外にも、`ReadOnlyMany`（多数のノードから読取りのみ可能）、`ReadWriteMany`（多数のノードから読み書き可能）が指定できます。

そして、(3)の`spec.resources.requests.storage`には使用したい容量を指定します（Miは、2^{20}を意味する単位です）。

この`pvc.yaml`を以下の通り適用します。

```
$ kubectl apply -f pvc.yaml
persistentvolumeclaim/my-claim created
```

永続ボリューム要求の状況は`kubectl get pvc`で確認できます。

```
$ kubectl get pvc
NAME        STATUS    VOLUME                                      CAPACITY    ACCESS MODES
STORAGECLASS          AGE
my-claim    Bound     pvc-3a3cbbe2-cefa-409a-8381-06edfeb3094c    1Mi         RWO
managed-nfs-storage   24h
```

ステートフルセットを作成する

　これまで使用してきた「デプロイ（デプロイメント）」は、Kubernetesで状態を持たないアプリケーションを稼動する場合に使用するしくみです。これに対しKubernetesで状態を持つアプリケーションを稼動する場合に用いるのが「ステートフルセット」です。大まかな動作は通常のデプロイと変わらないのですが、障害があったときの動作が異なります。ここからその動きを観察してみましょう。

以降の動作の様子は動画で確認できます。
https://youtu.be/lbUkrC1Y0gk

　まずはこれまで通りYAMLファイルで定義を作成します。stateful.yamlという名前で以下のようなファイルを作成します。

```
kind: StatefulSet
apiVersion: apps/v1
metadata:
  name: sample-statefulset
spec:
  selector:
    matchLabels:
      app: sample-statefulset
  serviceName: sample-statefulset
  replicas: 1
  template:
    metadata:
      labels:
        app: sample-statefulset
    spec:
      volumes:
      - name: my-volume
        hostPath:
          path: /var/fifo
      - name: my-pvc
        persistentVolumeClaim:
          claimName: my-claim
      containers:
      - name: my-container
        image: busybox
        volumeMounts:
        - name: my-pvc
          mountPath: /var/data
        - name: my-volume
          mountPath: /var/fifo
        args:
        - /bin/sh
        - -c
        - while true; do echo $MY_POD_IP:o > /var/fifo; sleep 1; done
```

```
        affinity:
          nodeAffinity:
            preferredDuringSchedulingIgnoredDuringExecution:
            - weight: 1
              preference:
                matchExpressions:
                - key: nodeclass
                  operator: In
                  values:
                  - worker
```

冒頭のkindがこれまでのDeploymentからStatefulSetになっていることに注意してください。また以前と同じようにワーカノードでPodが実行されるよう、affinityを指定しています。

これを適用します。

```
$ kubectl apply -f stateful.yaml
```

状況はkubectlget statefulsetで確認できます。

```
$ kubectl get statefulset
NAME                READY   AGE
sample-statefulset  1/1     24h
```

Podで実行される点は通常のデプロイと同じです。

```
$ kubectl get pod
NAME                                       READY   STATUS    RESTARTS   AGE
nfs-client-provisioner-6b65664d58-5491z    1/1     Running   0          25h
sample-statefulset-0                       1/1     Running   0          24h
```

しばらくするとOnline LEDが点滅を開始します。

 affinityを指定しているのでワーカノードでPodが起動するはずですが、万が一マスタノードでLEDが点滅を始めてしまった場合は、ステートフルセットを削除してやり直してみてください。削除はkubectl delete statefulsetにステートフルセットの名前を指定することで行えます。

確認できたら、LEDが点滅しているRaspberry Piのkubeletを停止します。すなわち、該当Raspberry Piにsshでログインして以下を実行します。

```
$ sudo systemctl stop kubelet
```

第3章の「インフラ障害（ノード故障）を検知しPod数を維持する」の際には代わりのPodが別のノー

ドで起動しましたが、今度はどうでしょうか？ しばらくしてからPodの状況を見ると以下のようになっていることが分かります。

```
$ kubectl get pod
NAME                                      READY  STATUS        RESTARTS  AGE
nfs-client-provisioner-6b65664d58-5491z   1/1    Running       0         25h
sample-statefulset-0                      1/1    Terminating   0         24h
```

この状況は数時間放置しても変化しません。kubectl describe podで状況を見ると、下記の通りEventsのところで、ノードの状況がReadyになっていないことが検知されています。

```
$ kubectl describe pod sample-statefulset-0
...

Events:
  Type     Reason       Age    From             Message
  ----     ------       ---    ----             -------
  Warning  NodeNotReady 6m42s  node-controller  Node is not ready
```

このようにステートフルセットを使用すると、なんらかの原因でマスタノードとワーカノードの間の通信が途絶したとしても、代わりのPodが自動で起動されることがなくなります。

これに対処する方法は2つあります。

• 障害の原因を調査してワーカノードを復旧する
• Podを手作業で削除して別のPodを起動する

最初に前者を試してみましょう。kubeletを再度起動し、数分経過するとSTATUSがRunningに戻ることが分かります。

```
$ kubectl get pod
NAME                                      READY  STATUS   RESTARTS  AGE
nfs-client-provisioner-6b65664d58-5491z   1/1    Running  0         28h
sample-statefulset-0                      1/1    Running  0         25s
```

kubectl describe podを見てみると、Podがいったん終了して再度作成されたことが分かります。

```
$ kubectl describe pod sample-statefulset-0
...
Events:
  Type     Reason      Age    From               Message
  ----     ------      ----   ----               -------
  Normal   Scheduled   79s    default-scheduler  Successfully assigned default/sample-
statefulset-0 to worker1
  Normal   Pulling     75s    kubelet            Pulling image "busybox"
  Normal   Pulled      72s    kubelet            Successfully pulled image "busybox" in
3.057342329s
  Normal   Created     70s    kubelet            Created container my-container
  Normal   Started     69s    kubelet            Started container my-container
```

このように、マスタノードとワーカノードの間の通信が復帰すれば継続して利用できることが分かります。

それでは、次に復旧をあきらめるケースを見てみましょう。

以降の動作の様子は動画で確認できます。
https://youtu.be/of07yjedYpY

まず、この状態でPodの中に入りボリュームに何か書き込んでおきましょう。これがこのあと引き継がれたPodでも読めることを確認したいからです。

```
$ kubectl exec -it sample-statefulset-0 -- sh
/ # echo hello >/var/data/message
/ # cat /var/data/message
/ hello
```

メッセージを残したらCtrl+Dで抜けて、再びLEDが点滅しているRaspberry Piのkubeletを停止します。

しばらくしたら、PodのSTATUSが再びTeminatingに変化することを確認します。

```
$ kubectl get pod
NAME                                     READY   STATUS        RESTARTS   AGE
nfs-client-provisioner-6b65664d58-549lz  1/1     Running       0          29h
sample-statefulset-0                     1/1     Terminating   0          25m
```

今回は復旧をあきらめます。Podを削除しましょう。

```
$ kubectl delete pod sample-statefulset-0
```

しかし、これはおそらくいつまでも終わらないでしょう。デフォルトではkubectl delete podを

実行すると、Podの終了を確認しようとします。しかし、今はマスタノードとワーカノードの間の通信が途絶しており、終了が確認できないためです。

これを避けるには`--force`オプションを付与します（「古いPodが引き続き動いているかもしれないよ」といった警告が表示されていることが分かります）。

```
$ kubectl delete pod sample-statefulset-0 --force
warning: Immediate deletion does not wait for confirmation that the running resource has been terminated. The resource may
continue to run on the cluster indefinitely.
pod "sample-statefulset-0" force deleted
```

こうしてPodを削除すると、別のノードで新しいPodが起動されてOnline LEDが点滅し始めるのが分かるでしょう。

```
$ kubectl get pod
NAME                                     READY   STATUS    RESTARTS   AGE
nfs-client-provisioner-6b65664d58-549lz  1/1     Running   0          29h
sample-statefulset-0                     1/1     Running   0          13s
```

古いPodも動いているので、2つのOnline LEDが点滅している状態になるはずですが、古いほうはすでにKubernetes側からは見えなくなっています。それでは新しく作成された方のPodの中に入ってボリュームの内容を見てみましょう。

```
$ kubectl exec -it sample-statefulset-0 -- sh
/ # ls /var/data
message
/ # cat /var/data/message
hello
```

ちゃんと引き継がれていることが分かります。

まとめ

本章では、これまでの章で紹介してこなかったKubernetes機能について、その挙動を観察しました。

前半で紹介したのは、定期的に処理を実行するためのcronジョブの利用です。

cronジョブには処理に失敗した時の動作を指定でき、`restartPolicy`が`OnFailure`の場合は1分で再実行されます。一方`restartPolicy`が`Never`の場合には再実行はせず、次の処理時間まで待機します。

　cronジョブで仮に「3分に1度実行」と設定したにもかかわらずジョブの処理に3分以上かかってしまった場合、デフォルトではconcurrencyPolicyがAllowになっているため、前のジョブの終了を待たずに次のジョブが起動し、同時実行されます。同時起動させたくない場合はconcurrencyPolicyをForbidに設定します。

　また、cronジョブにはサスペンド機能があり、これを使用することで一時的にジョブが起動しないように設定することができます。

　そして後半で紹介したのは、データベースなどボリュームに書き込みをするPodを厳密に1つに制限したい場合利用できるステートフルセットです。

　Kubernetesでボリュームを使用する場合、ホストのパスを直接マウントする以外に、永続ボリュームのプロビジョナを指定できます。この場合にはデプロイ定義の中でホスト側のパスを指定しなくてよくなります。

　ステートフルセットを使用している場合には、マスタノードとワーカノードとの間の通信が途絶しても、自動的に新たなPodが生成されることはありません。これにより間違って2つのPodが1つのボリュームに書き込みをする事故を避けられます。マスタノードとワーカノードの間の通信が回復すればサービスの継続が可能です。

　もしもノードが致命的に障害を受けて復旧困難な場合には、kubectl delete podに--forceオプションを指定することでKubernetesの管理から切り離すことができます。これにより別のノードで新しいPodが起動します。この方法で復旧した場合でも、NFSなどをボリュームとして使用していればデータを引き継ぐことができます。

第 **8** 章

Kubernetes環境の
調査とデバッグ

実際にKubernetesを使ってアプリケーションを稼働する際には、さまざまな調査が必要となるケースが出てくるでしょう。本書の内容を試している中でもそうした場面に遭遇するかもしれません。

最終章となる本章では、そうした状況で役に立つ調査やデバッグの手法をいくつか紹介します。

コンテナの中を調べたい

「デバッグのためにコンテナ内でシェルを起動したい」ということはよくあります。例えば「コンテナは起動したものの正しく動作しない」といった場合、コンテナ内のファイルの状態を調べたり、リッスンされているポートを調べたりといった調査が必要になります。

コンテナ内でシェルを起動する

`kubectl exec`を使用することで、コンテナ内のプログラムを外部から起動できます。ここでは bashを起動してみましょう。まず`kubectl get pods`でコンテナ一覧を表示します。

```
$ kubectl get pods
NAME                               READY   STATUS    RESTARTS   AGE
ledweb-deploy-66466897b6-xzrtg     1/1     Running   0          22h
ledweb-deploy-66466897b6-z2hns     1/1     Running   0          22h
```

コンテナを特定したら、`kubectl exec`を実行します。シェルを対話的に使用したい場合には`-it`オプションを指定する必要があります。

```
$ kubectl exec -it ledweb-deploy-66466897b6-xzrtg -- bash
root@ledweb-deploy-66466897b6-xzrtg:/# ls
bin  boot  dev  docker-java-home  etc  home  lib  media  mnt  opt  proc  root  run  sbin
srv  sys  tmp  usr  var
```

終了したいときはCtrl+Dを入力します。

特定のディレクトリを調べたいだけであればこのようにシェル（bash）を立ち上げる必要はなく、実行したいコマンドを直接指定することも可能です。

```
$ kubectl exec ledweb-deploy-66466897b6-xzrtg -- ls /
bin
boot
dev
...
```

コンテナとファイルをやりとりする

コンテナ内の特定のファイルを調査したり変更したりしたい場合は多いでしょう。先ほど紹介した`kubectl exec`でシェルを起動してコンテナ内でこれらを実施することも可能ではありますが、イメージサイズの削減のためにlessやviなどのツール類が入っていないことも多いため、ファイル自体をやりとりしてしまった方が望ましいです。

このような目的のために`kubectl cp`を利用できます。以下はPod内の`/opt/led/launch.sh`をホスト側の`/tmp/launch.sh`にコピーする例です。

```
$ kubectl exec ledweb-deploy-66466897b6-xzrtg -- ls /opt/led
launch.sh
rpi-led-1.16
rpi-led-1.16.zip

$ kubectl cp ledweb-deploy-66466897b6-xzrtg:/opt/led/launch.sh /tmp/launch.sh
tar: Removing leading `/' from member names
```

なお、引数の順序を入れ替えればホスト側からPodにファイルをコピーすることも可能です。

アプリケーションがネットワークアクセスに応答しているのか調べる

Pod内のアプリケーションにネットワークからアクセスしたい場合、通常はサービスを作成します。しかし、もしこの方法でアクセスできなかったとしたら、そもそもPod内のアプリケーションが正しく動作していないのか、あるいはサービスの作成などの作業に間違いがあるのかが分からず、原因の調査に時間を要してしまうでしょう。

そういった場合には、まずアプリケーション自体が正しくネットワークからのアクセスに応答しているのかを調査するとよいでしょう。

以下は、ssというツールをインストールして（コンテナイメージにすでにssが入っている場合は不要です）リッスンしているポートを調査する例です。

```
$ kubectl exec ledweb-deploy-66466897b6-xzrtg -- bash
root@ledweb-deploy-66466897b6-xzrtg:/# apt-get update
...
root@ledweb-deploy-66466897b6-xzrtg:/# apt install iproute
Reading package lists... Done
Building dependency tree
Processing triggers for libc-bin (2.24-11+deb9u4) ...
...
```

```
root@ledweb-deploy-66466897b6-xzrtg:/# ss -lt4
State       Recv-Q Send-Q          Local Address:Port          Peer Address:Port
LISTEN      0      50                        *:8080                      *:*
```

ポートのリッスンが確認できたら、curlなどを使いこのポートを通してアクセスしてみましょう。

```
root@ledweb-deploy-66466897b6-xzrtg:/# apt install curl
Reading package lists... Done
Building dependency tree
...
root@ledweb-deploy-66466897b6-xzrtg:/# curl http://localhost:8080
<h1>Hello World</h1>
```

　もう少し複雑なアプリケーションでcurlだけでは正常動作の確認が難しい場合は、w3mというテキストUIで動作するブラウザを使ってみるのもよいでしょう。

```
root@ledweb-deploy-66466897b6-xzrtg:/# apt install w3m
Reading package lists... Done
Building dependency tree
...
root@ledweb-deploy-66466897b6-xzrtg:/# w3m http://localhost:8080
```

　図8.1 はw3mで確認した例です。w3mはqをキーボードから入力することで終了できます。

図8.1 w3mによる確認

今回Raspberry Piで使用しているDockerイメージはUbuntuであるため、ツールのインストールにaptコマンドを使用しています。もしもRedHat系の場合はかわりにyumを使用してください。

ただし、w3mは簡単なブラウザであるため、JavaScriptを利用しているような複雑なUIは正しく表示できません。こういう場合にはポートフォワードを使いましょう。ポートフォワードを使うと、Raspberry PiへのリクエストをPod側に転送できます。

まずRaspberry Pi側の空きポートを確認します。以下は`kubectl exec`の中ではなく通常のRaspberry Piにsshでつないだ状態で実行しましょう。

```
pi@master0:~ $ ss -lt4
State       Recv-Q      Send-Q          Local Address:Port          Peer Address:Port
LISTEN      0           4096              127.0.0.1:33653               0.0.0.0:*
LISTEN      0           128                 0.0.0.0:ssh                 0.0.0.0:*
LISTEN      0           4096              127.0.0.1:10248               0.0.0.0:*
LISTEN      0           4096              127.0.0.1:10249               0.0.0.0:*
LISTEN      0           4096          192.168.0.200:2379                0.0.0.0:*
LISTEN      0           4096              127.0.0.1:2379                0.0.0.0:*
LISTEN      0           4096                0.0.0.0:32428               0.0.0.0:*
LISTEN      0           4096          192.168.0.200:2380                0.0.0.0:*
LISTEN      0           4096              127.0.0.1:2381                0.0.0.0:*
LISTEN      0           4096              127.0.0.1:http-alt            0.0.0.0:*
LISTEN      0           4096              127.0.0.1:10257               0.0.0.0:*
LISTEN      0           4096              127.0.0.1:10259               0.0.0.0:*
```

`Local Address:Port`と書かれた列にバインドされたIPアドレスとポートが書かれていますので、ここに存在しないポートを選びます。例えばポート9000は使用されていないので、これを使うことにしましょう。以下のコマンドでポートフォワードを実行します。

```
pi@master0:~ $ kubectl port-forward ledweb-deploy-66466897b6-xzrtg 9000:8080
Forwarding from 127.0.0.1:9000 -> 8080
Forwarding from [::1]:9000 -> 8080
```

`kubectl port-forward`の最初の引数はPodのNAMEです。次は<Raspberry Pi**側のポート**>:<Pod**側のポート**>を指定しています。

あとはRaspberry Piのポート9000にアクセスすればよいのですが、ファイヤウォールがあるため外からはアクセスできません。ファイヤウォールに穴をあけるのも手ですが、簡単なのはsshのポートフォワードを使う方法です。Raspberry Piに以下のように`-L8888:localhost:9000`という引数を付けて、PCからssh接続します。

```
$ ssh -L8888:localhost:9000 master0
Linux master0 5.4.79-v7+ #1373 SMP Mon Nov 23 13:22:33 GMT 2020 armv7l
```

　この状態でPCのブラウザから`http://localhost:8888`にアクセスすればアプリケーションにアクセスできます（図8.2）

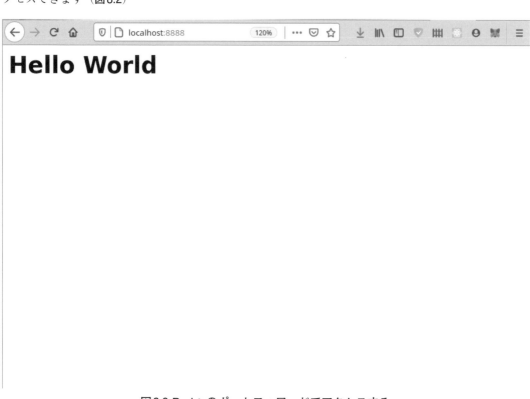

図8.2 Podへのポートフォワードでアクセスする

　なお、この例ではPCの8888ポートが使用されていないことを前提としています。すでに使用されている場合には、別のポートに置き換えてください。

> ⚠ 本節では解析のためにさまざまなツールをPod内で直接インストールしましたが、これはコンテナをrootユーザ（デフォルト）で起動しているために可能になっています。実際の環境ではセキュリティの観点からコンテナの実行ユーザがroot以外に設定されているケースが多く、その場合はこのようにPod内でツールをインストールすることはできません。これに対処するためにKubernetesには「エフェメラルコンテナ」というしくみがあるものの、まだアルファ版の段階で、今回のRaspberry Pi用のKubernetesでも正しく動作しませんでした。少々面倒ですが、当面はDockerfile内で必要なツールをインストールしておくしかないでしょう。

アプリケーションの稼動環境のパラメータをちょっと 変更して試してみたい

　例えば環境変数の設定やreplicasの値など、デプロイ定義の内容を少し変更して試してみたいケースがあります。もちろんデプロイ定義ファイルを変更して再度kubectl applyで適用してもよいのですが、そうすると調査が終わった後にデプロイ定義ファイルをもとの状態に戻し忘れる危険があります。こうしたケースのために、Kubernetesには一時的にデプロイ定義の内容を変更する機能があります。

　ここでは、第2章で起動したデプロイ定義でreplicasを2に変更してみましょう。

　まず紹介するのは、エディタを使ってその場でデプロイ定義を編集するkubectl editです。以下のコマンドを実行します。

```
$ export EDITOR=nano
$ kubectl edit ledweb-deploy
```

　こうするとnano（簡単な機能のエディタです。ほかのエディタに慣れている場合はお好きなエディタをEDITOR=の部分に使用してください。デフォルトはviです）が起動するので、replicas:の部分を2に変更してください。なお、変更するのはspec:の下のreplicas:です。ほかの場所にもreplicas:が存在するかもしれませんが、そこは変更しないでください。

　エディタを終了して変更を保存すると（nanoの場合はCtrl+Xを入力すると変更を保存するか聞かれるため、保存して終了してください）、デプロイ定義が書き変わります。しばらくすると、Online LEDが2つ点滅するようになるでしょう。kubectl get podsを実行すると、2つのPodが表示されることが分かります。

```
$ kubectl get pods
NAME                              READY   STATUS    RESTARTS   AGE
ledweb-deploy-66466897b6-rbjvp    1/1     Running   0          25h
ledweb-deploy-66466897b6-xvlm7    1/1     Running   0          5m7s
```

　Podの詳細情報は`kubectl describe pod`を使うと分かります。引数に上でNAMEに表示された名前を指定して実行してみます。

```
$ kubectl describe pod ledweb-deploy-66466897b6-rbjvp
Name:          ledweb-deploy-66466897b6-rbjvp
Namespace:     default
Priority:      0
Node:          master0/192.168.0.200
Start Time:    Sun, 20 Sep 2020 09:57:13 +0100
Labels:        app=ledweb
               pod-template-hash=66466897b6
Annotations:   <none>
Status:        Running
IP:            10.244.0.9
IPs:
  IP:          10.244.0.9
Controlled By: ReplicaSet/ledweb-deploy-66466897b6
```

　Nodeを見ると、このPodがどのノードで実行されるか分かります。このPodはマスタノードで動作していることが分かります。

　`kubectl edit`は目で見て直接編集できるという点では便利ですが、何度も同じ調査をしなければならない場合や、遠方にいる人に調査をお願いする場合には逆に修正場所を伝えるのが面倒なケースもあります。こういう場合には`kubectl patch`を使用するとよいでしょう。

```
$ kubectl patch deployment ledweb-deploy -p '{"spec":{"replicas":3}}'
```

　場所の指定はJSONで行います。`repclicas`は`spec`の下にあるためこのような指定になっています。これで`replicas`は3に変更され、Online LEDが3つ点滅するようになります。

　なお、現在のデプロイの状態をJSONで表示するには以下のようにします。

```
$ kubectl get deploy/ledweb-deploy -o json
...
      "uid": "bf139adf-876d-4550-8bb7-65685f6d620d"
    },
  "spec": {
      "progressDeadlineSeconds": 600,
      "replicas": 3,
      "revisionHistoryLimit": 10,
```

ノードの調子が悪いので調査したいが、ツール類を インストールしたくない

　本書のような構成であれば、ノードが思ったように動作しない、すなわちRaspberry Pi自体が正しく動作しない場合sshで接続して調査できます。しかし、実際の開発の現場ではそもそもノードへのssh接続が禁止されている、もしくは提供されていないケースもあるでしょう。

　こういう場合には`kubectl debug`によるデバッグ機能が利用できます。以下はマスタノードでubuntuイメージを起動する例です。

```
$ kubectl debug node/master0 -it --image=ubuntu
Creating debugging pod node-debugger-master0-g5dqj with container debugger on node
master0.
If you don't see a command prompt, try pressing enter.
root@master0:/# ls
bin  boot  dev  etc  home  host  lib  media  mnt  opt  proc  root  run  sbin  srv  sys  tmp
usr  var
```

　このように`--image=`オプションで好きなイメージを指定できるので、必要なツール類が入ったイメージを指定し、適宜調査を行うことができます。調査が終わったらCtrl+Dを入力して終了します。この方法の良いところはマスタノード自体には何もツールをインストールしていないという点です。

> Ctrl+Dを入力して終了した後もPodが`Completed`状態で残り続けるので、最後に
> `kubectl delete pod`コマンドで削除してください。

　もちろん、ここで見えているファイルシステムはコンテナのファイルシステムなので、マスターノードのファイルシステムとは分離されています。しかしマスターノードのファイルシステムが/host以下から見えるようになっているので、マスタノード側のファイルを調査することも可能です。

```
root@master0:/# ls /host
bin  boot  boot.bak  dev  etc  home  lib  lost+found  media  mnt  opt  proc  root  run
sbin  srv  sys  tmp  usr  var
```

　ただし、ここでファイルを変更するのはやめた方が良いでしょう。その変更はこのコンテナを終了しても残り続け、のちのち禍根を残す可能性があります。

デバッグに便利なそのほかの機能

　そのほか、デバッグの際に知っておくと役立つ機能を紹介します。

JSON出力

　これまで`kubectl get pods`の出力を見て、そこから`NAME`の情報をコピー&ペーストするという作業を何度もやってきました。しかし、これをもう少し簡単にできないものでしょうか?

　もちろん`kubectl get pods`の出力をプログラムで読んで処理することも不可能ではありません。例えば`kubectl get pods`で最初に表示されるPodの`NAME`列を取り出す場合、以下のように書けば実現できます。

```
$ kubectl get pods | sed -n 2p -- | awk '{print $1}'
ledweb-deploy-66466897b6-4xskx
```

　しかしこの方法は、あまり直感的ではありません。求める情報が2行目の1列目にあるということ知っていなければなりません。

　`kubectl get`コマンドの結果はJSONでも出力できます。`-o json`を付けてみましょう。

```
$ kubectl get pods -o json
{
    "apiVersion": "v1",
    "items": [
        {
            "apiVersion": "v1",
            "kind": "Pod",
            "metadata": {
                "creationTimestamp": "2020-12-06T23:48:17Z",
                "generateName": "ledweb-deploy-66466897b6-",
                "labels": {
                    "app": "ledweb",
...
                "name": "ledweb-deploy-66466897b6-4xskx",
```

　内容が膨大なので、単に目でPodのリストを確認するだけであれば`-o json`なしの方が望ましいかもしれませんが、JSONで出力するとその後の加工が容易であるという長所があります。

　また`-o jsonpath`を指定することで、JSONPathを使って柔軟に出力内容を絞り込むことも可能です。以下は(出力に改行がないためプロンプトがつながってしまっていますが)Podの1つ目の名前を取り出す例です。

```
$ kubectl get pod -o jsonpath='{.items[0].metadata.name}'
ledweb-deploy-66466897b6-4xskxpi@master0:~ $
```

　抜き出したい1つ目のPod名は`items`の先頭(`[0]`)の`metadata`の下にあるので、`{.items[0].metadata.name}`を指定しているわけです。

なお、添字に * を指定するとすべてを抜き出すことも可能です。

```
$ kubectl get pod -o jsonpath='{.items[*].metadata.name}'
ledweb-deploy-66466897b6-4xskx ledweb-deploy-66466897b6-nnvh9 ledweb-deploy-66466897b6-
z2hnspi@master0:~ $
```

これを利用すれば、例えば「Podのリストの最初に表示されたものに対して `kubectl exec` を使っ
てシェルを実行したい」という場合には、以下のように書くことができます。

```
$ kubectl exec -it $(kubectl get pod -o jsonpath='{.items[0].metadata.name}') -- bash
root@ledweb-deploy-66466897b6-4xskx:/#
```

この方法は、特に遠方の人に作業してもらう場合や、定型処理を何度も繰り返さなければならない場
合に便利でしょう。`kubectl` のJSONPathサポートの詳細については、公式ドキュメントの「JSONPath
Support」[注1] を参考にしてください。

まとめ

本章では、Kubernetesを使用するうえで知っていると役に立つ、ちょっとしたデバッグ・調査方法
を紹介しました。

- kubectl exec を使用するとコンテナ内でツールを実行できる
- kubectl cp を使うとコンテナとホストとでファイルをやりとりできる
- コンテナ内でのアプリケーションがうまく動作しない場合は、コンテナ内でのcurlやw3mの実行、
  ポートフォワードを使用するとよい
- Kubernetesの定義をちょっと変更してみたい場合には、kubectl edit を使用する。定型的な調査を何
  度も行うような場合や遠方にいる人にお願いする場合にはkubectl patchの方が便利なケースもある
- ノードの調査にはkubectl debug が使用できる。
- kubectl getに-o jsonを付けることで、結果をJSON形式で出力できる。また-o jsonpathを利用する
  ことでJSON出力の中から柔軟に出力したい項目を選ぶこともできる

本書の内容を実際に試す際にうまくいかないケースに遭遇したら、ここで紹介した内容を参考にして
ください。

注1　https://kubernetes.io/docs/reference/kubectl/jsonpath/

Raspberry Piの
セットアップ

　以降ではRaspberry Piのセットアップについて解説します。最初に使用するハードウェアについて紹介し、OSのインストール方法を見ていきます。そしてsshで接続する設定を行い、Kubernetesをインストールするための準備作業をいくつか行います。

準備するハードウェア

　まずは本書の内容を実際に試す際に必要となる、もしくはあると便利なハードウェアの概要について解説します。

Raspberry Pi

　筆者は今回、Raspberry Pi 4 Model B（RAM 4GB）を1台とRaspberry Pi 3 Model Bを2台使用しました。Kubernetesの稼動にはマスタノード（コントロールプレーン）が必要ですが、この稼動のためには1.7GB以上のRAMが推奨されています。このためマスタノードのみRAMが4GB搭載されたRaspberry Pi 4 Model Bを使用し、それ以外はRaspberry Pi 3 Model Bを使用しています。これと厳密に同じモデルでなくとも、基本的には上位モデルであれば動作するでしょう。特にマスタノード以外については、Raspberry Pi 2以降であれば稼動すると思われます。ただし、本書の内容についての検証は上記の組み合わせでしか行っていませんので、ほかのモデルで試す際は注意してください。

　Raspberry Piの購入の際には、ケースも一緒に購入しておくとよいでしょう。ケースはRaspberry Piのモデルによって形状が異なりますので、モデルに合ったものを入手してください。なお、放熱のためケース全体がヒートシンクになったタイプがありますが、この場合はGPIOコネクタ部分に注意してください。筆者が購入したものはGPIO部分の穴のサイズが小さく、そのままではケーブルが挿さりませんでした（図A.1）。これに対し筆者は 図A.2 のような延長コネクタを挟んで解決しました（図A.3）。

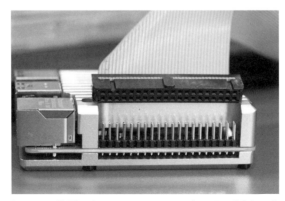

図A.1 ヒートシンク一体型のケースは、GPIOコネクタが挿さらないことがある

筆者の使った延長コネクタは秋月電子通商で購入できる「連結ピンソケット 2×20（40P）」[注1]ですが、新規に購入される場合は最初からGPIO部分について考慮されているケースを探すのがよいでしょう。

図A.2 延長コネクタ

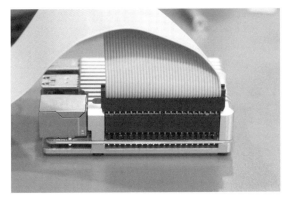

図A.3 延長コネクタを間に挟むことで解決

HDMIディスプレイとHDMIケーブル

本書ではRaspberry Piの操作にGUIを使わず、sshから接続して操作しています。このためHDMIポートは必須ではありませんが、不測の事態があったときの状況確認のために、HDMIディスプレイとケーブルを1セット用意しておくとよいでしょう。

筆者は7インチサイズの小さなモバイルディスプレイを使っています。なお、Raspberry PiのHDMIコネクタはRaspberry Pi 4以降マイクロHDMIに変更されているため、適宜変換コネクタやそれに合っ

注1　https://akizukidenshi.com/catalog/g/gC-02485/

たケーブルを用意してください。

キーボード

　先述の通りsshで接続して操作するため、ディスプレイと同様、Raspberry Piにキーボードを接続する必要あはありません。しかしやはり不測の事態があったときのために1台あると便利でしょう。普通のパソコン用のUSBキーボードでかまいません。

マイクロSDカード

　マイクロSDカード（本書ではマイクロSDカードのことを単に「SDカード」と呼ぶことがあります）は最も注意が必要な部品の1つです。SDカードは粗悪品が多く出回っており、信頼のおける店舗で購入することを強くお勧めします。粗悪品を使用すると、公称通りの容量がなかったり、スピードが遅かったり、またすぐに寿命を迎えて書き込みエラーが頻発したりといったトラブルが発生するかもしれません。

　例えば、昔からメモリカードの販売をしている店舗やメーカ直販サイト[注2]での購入は比較的安全でしょう。またAmazonのような通販サイトでもメーカが直接出品しているケースならば安全と思われます[注3]（ただし、本書は具体的な店舗でのSDカードの品質についてなんら保証するものではありません）。Samsungは偽物かどうかを判定するユーティリティを配布していますので[注4]、手持ちに怪しいものがあれば試してみるのもよいでしょう（2020年10月時点ではWindows用しかなく、筆者は試す環境を持っていませんでした）。

　また、購入する場合は「高耐久」のものを選択するとよいでしょう。しばしば「ドライブレコーダ用」として売られているタイプの製品です。このような高耐久品は、設計上より多くの書き込みがあっても壊れにくいように設計されています。合わせて、Raspberry Pi公式サイトの注意書き[注5]にも目を通しておくことをお勧めします。

　容量については、本書の用途であれば16GBのもので足りますが、将来別の用途に使用することに備えてもっと大きな容量のものを入手してもよいでしょう。容量が64GB以上のものを使用する場合は、

注2　例えばロジテック社の直販サイトであれば以下になります。
　　　https://www.pro.logitec.co.jp/pro/c/cMESD/

注3　例えばAmazonでの日本サムスンのページは以下になります。
　　　https://www.amazon.co.jp/stores/page/93EEB5F3-CA90-4FB2-96D4-62B77BBE6882

注4　https://www.samsung.com/semiconductor/minisite/jp/support/tools/#ge_semi_anchor_stand5

注5　https://www.raspberrypi.org/documentation/installation/sd-cards.md

やはり Raspberry Pi 公式サイトの「SDXC を使用する場合の注意」[注6] にも目を通しておくことをお勧めします（本書のインストール方法に従っていれば64GB以上のSDカードでも動作することを確認しています）。

ネットワーク機器

最近の Raspberry Pi には無線LANも搭載されていますが、本書では有線LANを使います。5ポート以上あるハブとネットワークケーブルを用意してください。そしてこれをセットアップ用のPCが接続されたネットワークともつないでください。

ACアダプタ

電源供給のための AC アダプタも必要になります。使用するモデルにより必要な電源が異なりますので、公式サイトの「Power Supply」[注7] を参照して、それに合った電源を用意してください。

電流量はここに書かれた値以上が供給できる AC アダプタであれば問題ありません。例えば本書で使っている Raspberry Pi 3 Model B であれば、2.5A 以上のものを使用することになります。

LEDを点滅するための電子部品

本書では「目に見えるWebサーバ」を使うため、LEDを接続するための回路が必要となります（回路については付録Bにて解説します）。

これに必要な電子部品について、今回は秋月電子通商の部品を使用しました。ここまで紹介してきた部品も含め、本書で必要な機器を**表A.1**にまとめてまています。同じものを入手したい方のために、電子部品については秋月電子通商における通販コード[注8] も掲載していますが、同等品があればそれでかまいません。

なお、ここに記載した「ラズベリーパイB+/A+用ブレッドボード接続キット」はあくまでキットであるため、半田付けが必要です。もしも半田付けを避けたい場合には、代わりに「ブレッドボード・ジャンパーワイヤ（オス-メス）15cm（黒）（10本入）」（通販コードC-08932）のようなワイヤを必要な本数揃え、Raspberry Pi とブレッドボードの間を直接配線してください。

注6　https://www.raspberrypi.org/documentation/installation/sdxc_formatting.md

注7　https://www.raspberrypi.org/documentation/hardware/raspberrypi/power/README.md

注8　http://akizukidenshi.com/catalog/g/g<通販コード>/ でアクセスできます。例えば通販コードが「K-08892」であれば、URLは http://akizukidenshi.com/catalog/g/gK-08892/ です。

表A.1 使用する部品

名称	通販コード	数量
Raspberry Pi	●	3
HDMIディスプレイ	●	1
キーボード	●	1
マイクロSDカード	●	3
スイッチング・ハブ	●	1
ネットワークケーブル	●	4
ACアダプタ	●	3
ラズベリーパイB+/A+用ブレッドボード接続キット	K-08892	3
ブレッドボード BB-801	P-05294	3
2色LED 赤・黄緑5mm アノードコモン クリアボディ LT6CU7R（10個入）	I-08982	1
5mm 2色LED（赤・青）カソードコモン OSRB5131A（10個入）	I-01395	1
3mm赤色LED LT3U31P 250mcd（10個入）	I-02320	1
3mmアンバー色（黄色）LED OSY6PA3E34B（10個入）	I-12692	1
カーボン抵抗（炭素皮膜抵抗）1/2W330Ω（100本入）	R-07812	1
ブレッドボード・ジャンパーワイヤ（オス-オス）セット 各種 合計60本以上	C-05159	1

OSのインストールと設定

続いては、Raspberry Pi OSを導入して、PCからsshで接続するまでの手順を紹介します。

SDカードへのOSの書き込み

Raspberry PiにOSを導入する方法として一般的なのは、PCを使ってOSのイメージをSDカードに書き込み、これをRaspberry Piに差し込んで電源を入れる方法です。以前はこの書き込みツールとしてサードパーティのものを使用していましたが、2020年3月より公式の書き込みツールである「Raspberry Pi Imager」が配布されるようになったので、本書ではそちらを使用します。

まず、各種OS用のRaspberry Pi Imagerが公式サイト[注9]に用意されているので、お使いのPCのOSに合ったものをダウンロードしてインストールしてください。ほかにも、各種パッケージマネージャを使ってのインストールが可能な場合もあります。

筆者はXbuntu 18.04を使用しているため、パッケージマネージャを使ってインストールしました。

```
$ sudo snap install rpi-imager
```

インストールができたら、Raspberry Pi Imagerを実行します。最初にRaspberry PiにインストールするOSを選択します。「CHOOSE OS」をクリックして（**図A.4**）「Raspberry Pi OS (other)」を選択してください（**図A.5**）。

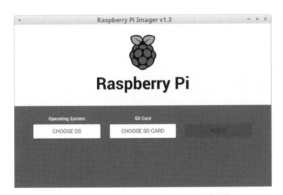

図A.4 Raspberry Pi Imagerの起動

図A.5 OSを選択する

今回の検証ではデスクトップは使用しませんので、デスクトップ環境なしの「Raspberry Pi OS Lite (32-bit)」を選択します（**図A.6**）。

次に「CHOOSE SD CARD」をクリックして、書き込むSDカードを選択します（**図A.7**）。基本的にはSDカードしか一覧に表示されないようですが、間違ってシステムドライブに書き込んでしまわないように注意してください。

注9 https://www.raspberrypi.org/software/

図A.6 Lite版OSを選択する

図A.7 SDカードを選択する

　SDカードの書き込みに管理者権限が必要なため、パスワード入力を求められます（**図A.8**）。入力したらSDカードの書き込みが始まるので、完了まで待ちます（**図A.9**）。

図A.8 パスワードの入力

図A.9 SDカードへの書き込み

　書き込みが完了するとPC側にパーティションが認識されます（**図A.10**）。もしも認識されない場合は、一度SDカードを取り外してから再度接続してみてください。

図A.10 SDカードへの書き込み完了

sshサーバの自動起動設定

　今回のOSのインストール方法では、デフォルトではsshサーバが起動しません。そのため、sshサーバが自動起動するよう設定します。これにはbootという名前で認識されているSDカード上のパーティションにsshというファイルを作成します。ファイルの中身は空で問題ありません。

　筆者のPCはUbuntuですので、/media/の下にユーザ名のディレクトリがあり、その下のbootというディレクトリでbootパーティションが見えるようになっています。ここにtouchコマンドを用いてsshファイルを作成しました。

```
$ touch /media/xxx/boot/ssh
```

　なお、上記の例ではユーザ名の部分をxxxとしています。以後ユーザ名に相当する部分は同様にxxxと表記します。

macOSの場合
　macOSの場合は、/Volumes/bootでbootパーティションにアクセスできます。ターミナルで以下のようなコマンドを実行してsshファイルを作成してください。

```
$ touch /Volumes/boot/ssh
```

Windowsの場合
　Windowsの場合、bootパーティションにはドライブが割り当てられます。

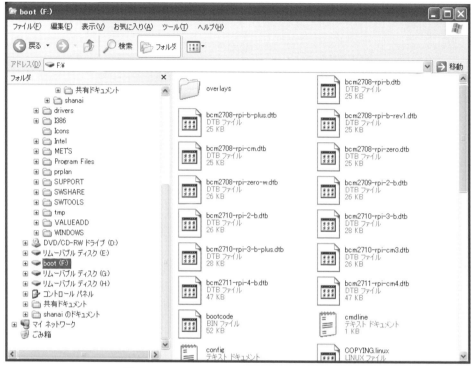

図A.11 Windowsでのパーティションの認識

　したがって、図A.11の場合であればFドライブにsshというファイルを作ります（割り当てられているドライブは環境によって異なる可能性があります）。

　Windowsにはtouchコマンドがないため、echoコマンドなどを使用するとよいでしょう。コマンドプロンプトを起動して以下を実行します。

```
C:\> echo a > F:\ssh
```

ブートパラメータの調整

　続いて、第2章でのKubernetesの導入のためにブートパラメータの調整を行います。bootパーティションにあるcmdline.txtというファイルを参照します。

```
$ cat /media/xxx/boot/cmdline.txt
console=serial0,115200 console=tty1 root=PARTUUID=907af7d0-02 rootfstype=ext4
elevator=deadline fsck.repair=yes rootwait quiet init=/usr/lib/raspi-config/init_resize.sh
```

macOSやWindowsの場合には /media/xxx/boot の部分を適宜読み替えてください。
またWindowsにはcatコマンドがないため、typeコマンドを使用するとよいでしょう。

　テキストエディタを使用して、行の最後に cgroup_enable=cpuset cgroup_enable=memory
を追加します。変更後は以下のようになります。

```
$ cat /media/xxx/boot/cmdline.txt
console=serial0,115200 console=tty1 root=PARTUUID=907af7d0-02 rootfstype=ext4
elevator=deadline fsck.repair=yes rootwait quiet init=/usr/lib/raspi-config/init_resize.sh
cgroup_enable=cpuset cgroup_enable=memory
```

　ここまで完了したら、PCのSDカードの取り外し機能を使ってマウントを解除し、SDカードを
Raspberry Piに移し替えたうえで、Raspberry Piを起動します。

 このあと raspberrypi.local を指定してRaspberry Piに接続しますが、もしもネット
ワーク内に別のRaspberry Piがある場合、そちらと衝突してしまう可能性がありますので
注意してください。今回使用するRaspberry Piの電源を入れる前に、pingコマンドを実行
して（ping raspberrypi.local）、同一ネットワーク上にほかのRaspberry Piが存
在しないことを確認しておくとよいでしょう。raspberrypi.local の前半の
raspberrypi の部分は、OSのホスト名設定が使用されます。「ホスト名の変更」で解説
する方法で適宜変更しておくと無用な混乱を避けることができます。

sshによる接続と基本的な設定

　ここからはRaspberry Piにsshで接続し、セットアップを行っていきます。したがって、これ以降の
コマンドの例示は、特に断りがなければRaspberry Piに接続したsshコンソールでの入力を意味してい
ます。

　なお、セットアップ中はソフトウェアのダウンロードなどにインターネットとの接続が必要となるた
め、Raspberry Piを接続したハブを介してインターネットに接続できるようにしておいてください。

 LinuxおよびmacOSにはsshクライアントが標準で入っているため、特に何もせずにこの
あとの手順を実行できます。Windows 10の場合は、バージョン1803からsshが標準で
入っています。古いようならバージョンを更新しておくとよいでしょう。

　今回の手順で導入したRaspberry Pi OSであればデフォルトでZeroconf[注10]が有効なので、起動後し

注10 http://www.zeroconf.org/

ばらくすると`raspberrypi.local`に`ping`が通るようになります。

```
# PCでの操作
$ ping raspberrypi.local
PING raspberrypi.local (192.168.0.241) 56(84) bytes of data.
64 bytes from 192.168.0.241 (192.168.0.241): icmp_seq=1 ttl=64 time=3.97 ms
64 bytes from 192.168.0.241 (192.168.0.241): icmp_seq=2 ttl=64 time=6.68 ms
```

`ssh`はデフォルトでパスワード認証が有効になっており、ユーザ`pi`、パスワード`raspberry`でログインできます。`ssh pi@raspberrypi.local`を実行し、パスワードを聞かれたら`raspberry`と入力してください。

この際に以下のような警告が表示されることがあるかもしれません。おそらく過去に別のRaspberry Piに`ssh`で接続したことが原因と思われます。

```
# PCでの操作
$ ssh pi@raspberrypi.local
@@@@@@@@@@@@@@@@@@@@@@@@@@@@@@@@@@@@@@@@@@@@@@@@@@@@@@@@@@@
@       WARNING: POSSIBLE DNS SPOOFING DETECTED!          @
@@@@@@@@@@@@@@@@@@@@@@@@@@@@@@@@@@@@@@@@@@@@@@@@@@@@@@@@@@@
The ECDSA host key for raspberrypi.local has changed,
and the key for the corresponding IP address 192.168.0.7
is unknown. This could either mean that
DNS SPOOFING is happening or the IP address for the host
and its host key have changed at the same time.
@@@@@@@@@@@@@@@@@@@@@@@@@@@@@@@@@@@@@@@@@@@@@@@@@@@@@@@@@@@
@    WARNING: REMOTE HOST IDENTIFICATION HAS CHANGED!     @
@@@@@@@@@@@@@@@@@@@@@@@@@@@@@@@@@@@@@@@@@@@@@@@@@@@@@@@@@@@
IT IS POSSIBLE THAT SOMEONE IS DOING SOMETHING NASTY!
Someone could be eavesdropping on you right now (man-in-the-middle attack)!
It is also possible that a host key has just been changed.
The fingerprint for the ECDSA key sent by the remote host is
SHA256:XXXXXXXXXXXXXXXXXXXXXXXXXXXXXX.
Please contact your system administrator.
Add correct host key in /home/shanai/.ssh/known_hosts to get rid of this message.
Offending ECDSA key in /home/shanai/.ssh/known_hosts:70
  remove with:
  ssh-keygen -f "/home/shanai/.ssh/known_hosts" -R "raspberrypi.local"
ECDSA host key for raspberrypi.local has changed and you have requested strict checking.
Host key verification failed.
```

解決するには、ここに書かれている通り、`known_hosts`ファイルを更新します。

```
# PCでの操作
$ ssh-keygen -f "/home/xxx/.ssh/known_hosts" -R "raspberrypi.local"
```

パスワードの変更と公開鍵認証の設定

デフォルトの`pi`ユーザは、広くパスワードが知られており、しかも`sudo`グループに入っているため、そのまま使用するのは危険です。まずパスワードを変更しましょう。

ssh pi@raspberrypi.localで接続し、以下のようにpasswdコマンドを使って十分に長い複雑なパスワードを設定してください。

```
$ passwd
Changing password for pi.
Current password:
New password:
Retype new password:
passwd: password updated successfully
```

また、piユーザはsudo実行の際にパスワードが不要になるように構成されているので、これも解除しておきましょう。

```
$ sudo rm /etc/sudoers.d/010_pi-nopasswd
```

さらに、sshにユーザ名とパスワードでログインする方法もセキュリティ的に望ましくないため、公開鍵を使用する方法に変更します。以降で紹介する手順は公式サイトの解説[注11]に準じたものですが、公式サイトの解説では自分のPCにすでに公開鍵がある場合はそれを使用するようガイドされています。しかし、セキュリティ的にはホストごとに別の鍵ペアを使用したほうがよいでしょう。したがって、ここでも念のため専用の鍵ペアを作成する手順を解説します。

まずは自分のPCでssh-keygenコマンドを使用し、鍵ペアを作成します。ここではオプションでRSAアルゴリズム、鍵長として2048ビットを使用することを指定しています[注12]。

```
# PCでの操作
$ ssh-keygen -b 2048 -t rsa
Generating public/private rsa key pair.
Enter file in which to save the key (/home/xxx/.ssh/id_rsa): /home/xxx/.ssh/id-rsa-master0
Created directory '/home/xxx/.ssh'.
Enter passphrase (empty for no passphrase):
Enter same passphrase again:
Your identification has been saved in /home/xxx/.ssh/id_rsa-master0.
Your public key has been saved in /home/xxx/.ssh/id_rsa-master0.pub.
...
```

コマンドを実行すると秘密鍵のパスを聞かれますので、必ずデフォルトの名前とは異なる名前を指定してください（ここではid_rsa-master0というファイル名にしています）。既存の秘密鍵ファイルと同じ名前を指定して上書きしてしまうと、普段使用しているほかのサーバに接続できなくなるので注意してください。

秘密鍵の権限を変更します（Windowsの場合はこの手順は不要です）。

注11 https://www.raspberrypi.org/documentation/remote-access/ssh/passwordless.md

注12 一般にRSAで2048ビット未満の鍵長を使用するのは危険とされています。RSAを用いるのであれば2048ビット以上を指定してください。RSA 2048bitの暗号は、2021年現在のところ、2030年くらいまでは安全と言われています。

```
# PCでの操作
$ chmod 400 ~/.ssh/id-rsa-master0
```

　そして公開鍵をRaspberry Piにコピーします。このためにはssh-copy-idというコマンドを使うのが簡単です。このコマンドが使えない場合は、自分でRaspberry Pi上に.sshディレクトリを作成して、authorized_keysというファイルに保存する必要があります。詳細は上述した公式サイトの解説を参照してください。

```
# PCでの操作
$ ssh-copy-id -i ~/.ssh/id_rsa-master0 pi@raspberrypi.local
/usr/bin/ssh-copy-id: INFO: Source of key(s) to be installed: "/home/xxx/.ssh/id_rsa-
master0.pub"
Warning: the ECDSA host key for 'raspberrypi.local' differs from the key for the IP address
'192.168.0.200'
Offending key for IP in /home/xxx/.ssh/known_hosts:37
Matching host key in /home/xxx/.ssh/known_hosts:72
Are you sure you want to continue connecting (yes/no)? yes
/usr/bin/ssh-copy-id: INFO: attempting to log in with the new key(s), to filter out any that
are already installed
Warning: the ECDSA host key for 'raspberrypi.local' differs from the key for the IP address
'192.168.0.200'
Offending key for IP in /home/xxx/.ssh/known_hosts:37
Matching host key in /home/xxx/.ssh/known_hosts:72
Are you sure you want to continue connecting (yes/no)? yes
/usr/bin/ssh-copy-id: INFO: 1 key(s) remain to be installed -- if you are prompted now it
is to install the new keys
Warning: the ECDSA host key for 'raspberrypi.local' differs from the key for the IP address
'192.168.0.200'
Offending key for IP in /home/xxx/.ssh/known_hosts:37
Matching host key in /home/xxx/.ssh/known_hosts:72
Are you sure you want to continue connecting (yes/no)? yes
Enter passphrase for key '/home/xxx/.ssh/id_rsa':
pi@raspberrypi.local's password:

Number of key(s) added: 1

Now try logging into the machine, with:   "ssh 'pi@raspberrypi.local'"
and check to make sure that only the key(s) you wanted were added.
```

　色々と警告が表示されることがあると思いますが、接続先のIPアドレス（Raspberry PiのIPアドレスです。同じLANの中にあるので普通はローカルIPアドレスであることが多いでしょう）が正しいことを確認しながらyesを入力してください。

　終わったら、ssh-keygenコマンドの実行時に設定したパスフレーズを入力して、パスワードなしでログインできることを確認します（-iのあとに秘密鍵のパスを指定します）。

```
# PCでの操作
$ ssh -i ~/.ssh/id_rsa-master0 pi@raspberrypi.local
```

最後にsshサーバの設定を変更してパスワードによるログインを禁止しておきましょう。Raspberry Pi上の/etc/ssh/sshd_configというファイル内でPasswordAuthenticationを指定している行を見つけ、行頭に#があれば削除してnoを指定します。

```
# To disable tunneled clear text passwords, change to no here!
PasswordAuthentication no
```

ファイルを保管したら、sshサーバを再起動します。

```
$ sudo systemctl restart ssh
```

Ctrl+Dを入力してsshから抜け、念のため未知のユーザでログインを試行してみます。以下はユーザpiの代わりにzzzと指定した例です。

```
# PCでの操作
$ ssh zzz@raspberrypi.local
zzz@raspberrypi.local: Permission denied (publickey).
```

このようにパスワードを聞かれずに、いきなり接続断となれば正しく設定されています。これでパスワードを用いたssh接続はできなくなりました。

更新の適用

OSへの最新の更新を一通り適用しておきます。

```
$ sudo apt-get update -y
$ sudo apt-get upgrade -y
$ sudo apt-get dist-upgrade -y
```

なお、このコマンドは実行に非常に時間を要するため（主にSDカードの速度に依存します）、以下のようにして一度に実行するようにして、しばらく放置しておくとよいでしょう。

```
$ sudo -s
[sudo] password for pi:
# apt-get update -y && apt-get upgrade -y && apt-get dist-upgrade -y
# exit
```

Kubernetesはcgroupなどカーネルの機能と密接に関係しており、カーネルが古いと正しく動作しない場合があるため、ファームウェアを更新します。これで一緒にカーネルイメージも更新されます。

```
$ sudo rpi-update
```

ホスト名の変更

続いて、ホスト名を変更するためにsudo raspi-configでraspi-configを起動し、「1 System

Network Options」をカーソルキーで選んでEnterを押します（**図A.12**）。さらに「S4 Hostname」を
選んでEnterを押します（**図A.13**）。

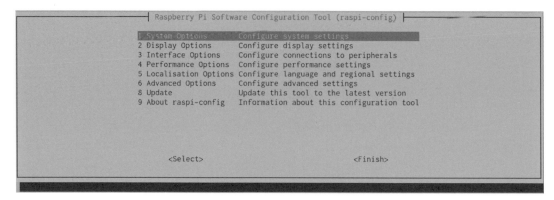

図A.12 raspi-configの起動

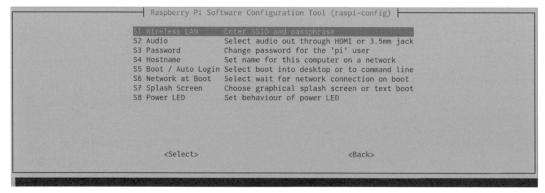

図A.13「Hostname」を選択

　ホスト名に使用できる文字種の注意が表示されます（**図A.14**）。ホスト名には、アルファベット（大
文字と小文字の区別なし）と数字のほか、先頭と末尾以外であればハイフンも使用できます。確認し
てEnterを押すとホスト名の入力画面になるので、後述するホスト名を入力します（**図A.15**）。

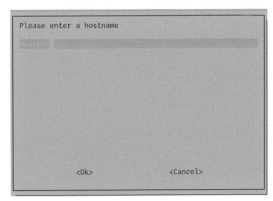

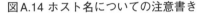
図A.14 ホスト名についての注意書き

図A.15 ホスト名の入力

今回は1台のマスタノードと2台のワーカーノードを用意しますので、それぞれ以下のホスト名を付けることにします。

- マスタノード：master0
- ワーカノード（1台目）：worker0
- ワーカノード（2台目）：worker1

ホスト名の入力が終わると最初の画面に戻るので、TABキーでFinishにカーソルを移動してからEnterを押し、raspi-configを終了します。最後に再起動するかを聞かれるので、再起動しておきましょう（図A.16）。

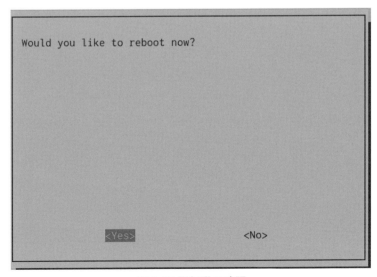
図A.16 再起動の確認

なお、Raspberry Piの電源を切る際には、電源をそのまま抜くなどせず、必ず`sudo shutdown -h now`でシャットダウンを行ってください。これを行わないと比較的簡単にSDカードの内容が破壊されてしまいます。

　以上の手順を3台のRaspberry Piに対して順番に実行し、それぞれに上記のホスト名を設定してください。sshの鍵ペアはRaspberry Piごとに別に作ってもかまいませんが、今回のような実験用途なら3台とも同じものを使い回してもよいでしょう。

　3台すべての設定が完了したら、以降のsshでのログインは以下のように`<ホスト名>.local`で行えるようになります（この例はマスタノードへのログインを示しています）。

```
# PCでの操作
$ ssh -i ~/.ssh/id_rsa-master0 pi@master0.local
```

　なお、このようにssh接続の際に毎回`-i`オプションを付けるのがわずらわしい場合、自分のPCのホームディレクトリの下の`.ssh`ディレクトリに`config`という名前でファイルを作り、そこで以下のように指定しておくとよいでしょう。

```
Host master0
  HostName master0.local
  User pi
  IdentityFile ~/.ssh/id_rsa-master0

Host worker0
  HostName worker0.local
  User pi
  IdentityFile ~/.ssh/id_rsa-master0

Host worker1
  HostName worker1.local
  User pi
  IdentityFile ~/.ssh/id_rsa-master0
```

　こうしておけば、以下のようなコマンドだけでssh接続できるようになります。

```
# PCでの操作
$ ssh master0 # マスタノードへの接続
$ ssh worker0 # ワーカノード0への接続
$ ssh worker1 # ワーカノード1への接続
```

IPアドレスの設定

　最後にIPアドレス周りの設定も行っておきましょう。今回のRaspberry Piでは以下のIPアドレスを使用します。もしも既存の機器と衝突するようであれば、適宜読み替えてください。

- マスタノード：192.168.0.200
- ワーカノード（1台目）：192.168.0.201
- ワーカノード（2台目）：192.168.0.202

　これらのIPアドレスを固定で使用するために、各Raspberry Piの/etc/dhcpcd.confの最後に以下のような記述を追加します。

```
interface eth0
static ip_address=192.168.0.200/24
static routers=<自分のルータのIPアドレス>
static domain_name_servers=8.8.8.8 8.8.4.4
```

　上記はマスタノードの例であるためip_addressに192.168.0.200/24を指定しています。次のroutersには自分のネットワークのデフォルトゲートウェイを指定ます。また、ここではDNS（domain_name_servers）にGoogle Public DNSを指定していますが、普段使用しているものを指定してください。

　/etc/dhcpcd.confを更新したらsudo rebootでRaspberry Piを再起動して、ネットワークが正しく動作していることを確認しておきましょう。以下はipコマンドでIPアドレスが192.168.0.200になっていること、そして8.8.8.8にpingが通ることを確認しています。

```
$ ip a show dev eth0
2: eth0: <BROADCAST,MULTICAST,UP,LOWER_UP> mtu 1500 qdisc pfifo_fast state UP group default
qlen 1000
    link/ether b8:27:eb:52:7c:be brd ff:ff:ff:ff:ff:ff
    inet 192.168.0.200/24 brd 192.168.0.255 scope global noprefixroute eth0
       valid_lft forever preferred_lft forever
    inet6 240f:106:1e05:1:ef71:2daa:ccb9:21d4/64 scope global dynamic mngtmpaddr
noprefixroute
       valid_lft 294sec preferred_lft 294sec
    inet6 fe80::f7fc:68cf:b915:ac8/64 scope link
       valid_lft forever preferred_lft forever

$ ping 8.8.8.8
PING 8.8.8.8 (8.8.8.8) 56(84) bytes of data.
64 bytes from 8.8.8.8: icmp_seq=1 ttl=117 time=4.06 ms
64 bytes from 8.8.8.8: icmp_seq=2 ttl=117 time=3.38 ms
```

　もしもここでエラーになる場合は、ネットワークの設定に失敗しています。

「目に見えるWebサーバ」のためのLEDサーバの構築

以降では、本書で使用している「目に見えるWebサーバ」をRaspberry Pi上で稼動させるために必要なLEDサーバについて解説します。具体的には、アプリケーション（目に見えるWebサーバ）が直接LEDを点滅させるのではなく「LEDサーバ」を介して点滅させるようにしている理由を説明したうえで、そのあとに実際のLEDサーバの構築方法を紹介していきます。

実装のための課題

「目に見えるWebサーバ」は、概念的には図B.1のような構成となりそうに思えます。まずは、このように「アクセスがあればLEDを点灯させる」WebサーバをKubernetes上で動かすために、どのような点をクリアすべきかを見ておきましょう。

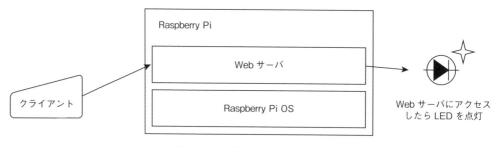

図B.1 目に見えるWebサーバ

GPIOへのアクセス

まずはハードウェアへのアクセス手段です。Raspberry PiでLEDを点灯するためには多くの場合GPIOが使われますが、一般にLinuxのようなOSではアプリケーション（以降単にアプリと称することがあります）からハードウェアには直接アクセスできず、デバイスドライバを介す必要がありります。

ただし、Raspberry Piにはこうしたハードウェアへのアクセスを簡単に行うためのしくみが標準で用意されています。例えば/sys/class/gpioにGPIOのピンがファイルとしてマップされているため、アプリからここに書き込みを行うことでGPIOピンの出力を制御することが可能です。あるいは、プログラミング言語ごとに用意されているハードウェア制御のためのライブラリを用いることでもプログラムからハードウェアを制御することが可能です。

Webサーバからこれらのいずれかの方法を用いてLEDを制御することで「目に見えるWebサーバ」を実現できそうです。

Dockerとハードウェアアクセス

OSの上で直接Webサーバを稼動させるケースと異なり、Kubernetesを使う、すなわちDockerコンテナ上でWebサーバを稼動させる場合にはほかにも考慮すべきことがあります。

まず、Dockerで動作するコンテナのファイルシステムがホスト側のそれと分離されていることです。このため、コンテナ内のアプリから`/sys/class/gpio`にアクセスしても、それはホスト側の`/sys/class/gpio`とは別のものであるため、GPIOを制御できません。これはDockerのボリューム機能でコンテナ内にホスト側のファイルシステムをマウントすることで回避できますが、このあと述べる調停の問題があり、正しく動作させるのはやっかいです。

もう1つの課題がDockerでのハードウェアアクセスの制限です。Dockerのようなコンテナ技術では、Raspberry PiのGPIOのようなハードウェアへの直接のアクセスが制限されています。このため、前述したような各種プログラミング言語用の、直接ハードウェアにアクセスするようなライブラリを用いたとしても、Docker上で動作する保証はありません。Dockerの動作モードの1つである「特権（privileged）モード」[注1]を使うことでこの制限を緩和できますが、通常、こうしたハードウェアアクセス用のライブラリは複数のアプリで同時に利用することが想定されておらず、そのようなケースで起こりうる問題にはアプリみずから対処しなければなりません。

ハードウェアアクセスの調停

いずれにせよ、ハードウェアに直接アクセスするようなアプリを複数稼動する場合にはなんらかの調停が必要になります。

例えば単に「LEDを1秒間点灯して、消灯する」だけでも、複数のアプリが何の調停もせずに動作すると、図B.2のような問題が起きる可能性があります。このケースではアプリ1とアプリ2がそれぞれLEDを点灯しようとしていますが、LEDは1回しか点灯しません。

注1　https://docs.docker.com/engine/reference/run/#runtime-privilege-and-linux-capabilities

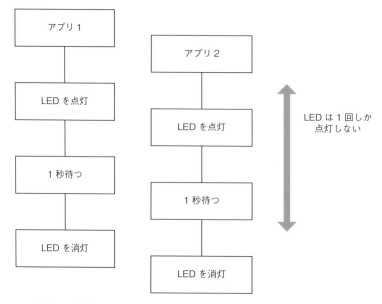

図B.2 直接ハードウェアアクセスした場合に起こりうる問題

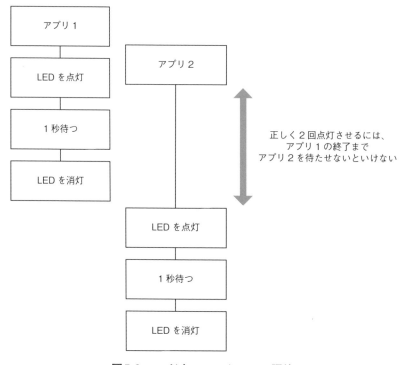

図B.3 ハードウェアアクセスの調停

　では、正しく2回点灯させるにはどうすればよいのでしょうか？ 1つの方法はアプリ1の終了までアプリ2を待たせるというものです（**図B.3**）。ただし、このためにはなんらかの調停機構をアプリに持たせなければならず、面倒なことになります。

　このようなケースで有効な解決策は、面倒な仕事を1人に任せてしまうことです（**図B.4**）。

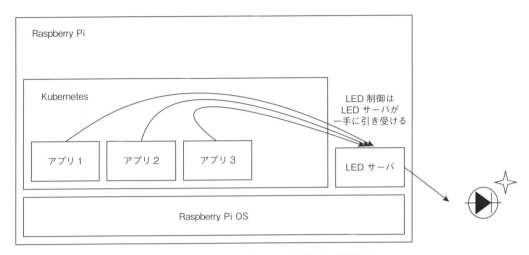

図B.4 LEDサーバにLED制御を一任する

　「LEDサーバ」はKubernetesの外にある、Raspberry Piごとに1つだけ動作しているアプリです。このLEDサーバがLEDの制御を一手に引き受けます。そして、コンテナ内のアプリがLEDを点灯したい場合には、すべてLEDサーバに依頼するようにします。

　これにより以下が実現できます。

- LEDサーバはそのRaspberry Piの中で1つしか稼動しないので、ハードウェアの調停が不要になる
- LEDサーバはKubernetesの外で稼動するので、Dockerのハードウェアやファイルアクセスの制約を受けない

　残る課題は、コンテナ内で動作するアプリがLEDサーバに制御を依頼する手段です。今回は以下の理由からLinuxが提供するFIFOを使用しました。

- FIFOはmkfifoコマンドで簡単に生成でき、アプリからはファイルとしてアクセスできるため、実装が容易である
- FIFOはあくまでファイルシステムであるため、Dockerのボリューム機能でマウントできる

- Webサーバが LED 制御を依頼する際、調停が必要であったとしても待たされたくない（待たされるとクライアントへの応答が遅れてしまう）ため、待ち合わせは LED サーバの中でやってほしい。FIFO であれば送信側が要求を貯めておき、受信側の好きなタイミングで読み出して処理できる

　厳密に言えば、複数のアプリが1つのFIFOに「同時」に書き込むようなケースではそれらの書き込みが混ざってしまう可能性があります。今回は実験であるため、おかしなフォーマットのデータが届いたら捨ててしまうことで回避することにします。

　以上をふまえて、ここからは LED サーバを構築していきましょう。

ハードウェア

　まず、Raspberry PiのGPIOとLEDとの配線です。とはいっても、基本はLEDと電流制限抵抗とを接続するだけなので難しくはありません。ただし、リクエストがあったことだけでなくWebサーバの状態も示すために、たくさんのピンを使用しています（**図B.5**）。間違えないよう注意してください。

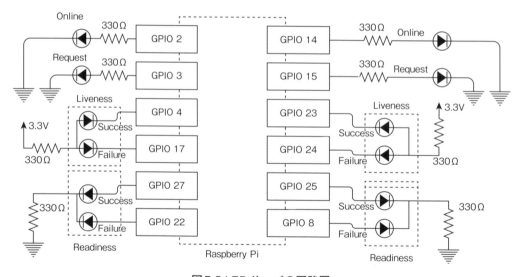

図B.5 LEDサーバの回路図

　本書では1つのRaspberry Piにつき2つのWebサーバを立ち上げるため、1つのRaspberry Piごとに同じ回路を2セット用意しています。それぞれのLEDの役割は次の通りです（詳細については各章にて紹介します）。

- Online LED は Web サーバが起動したら点滅する
- Request LED は Web サーバにアクセスがあったら点滅する
- Liveness LED は、Liveness プローブ機能が呼ばれたときに点滅する。2つのLEDが1つにパッケージされた2色LEDを使っていいる
- Readiness LED は、Readiness プローブ機能が呼ばれたときに点滅する。2つのLEDが1つにパッケージされた2色LEDを使っている

　回路にはブレッドボードを使い、ブレッドボードとRaspberry Pi 側との接続には「ラズベリーパイB+/A+用ブレッドボード接続キット」を使用します（いずれも付録Aで紹介したものです）。これを使わず「ブレッドボード・ジャンパーワイヤ（オス-メス）15cm（黒）（10本入）」を用いて使用するピンだけ接続してもよいのですが、専用の接続キットには端子がプリントされているため配線のときに間違えにくい、Raspberry Pi を違う用途に使いたくなってもコネクタごと外してブレッドボード側をそのまま保管しておける、といった利点があります。ただし、この接続キットは自分でピンを半田付けしなければならないので注意してください。

　以下では先に回路図を示した配線について、ブレッドボードの使い方とLEDを接続する際の注意点にポイントを絞って解説します。Raspberry Pi での電子工作に不慣れな方は、あわせてほかの書籍も参考にするとよいでしょう。

ブレッドボードによる配線

　まず、ブレッドボードでの配線について簡単に解説しておきます。今回のブレッドボードは、両端に（+/-と印刷されている）電源ラインがあり、その内側に（a, b, c....jと印刷されている）通常の配線エリアがあります（**図B.6**）。そして図中の枠で示したように、電源ラインは横方向に、通常の配線エリアは縦方向に導通しています（図が煩雑になるため、導通部位は一部のみを示しています）。これらを利用して配線するわけです。

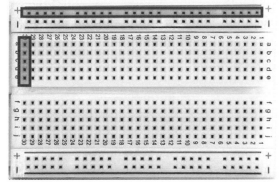

図B.6 ブレッドボード

　図B.7はOnlineとRequestの2つのLEDと電源を配線した例です（すべてを配線した状態だと煩雑になるため配線途中の状態を示しています）。ソケットに印刷された「#○○」という数字が、GPIOの○○番に相当します[注2]。

　最終的に配線が完了した時点のものを図B.8に示します。この例では配線を追いやすいように最短経路で配線しています。細かく見ていただければ、対応関係が把握できるのではないでしょうか。実際に自分で配線する場合は、このようにきれいに配線する必要は無く、電気的につながっていれば十分です。

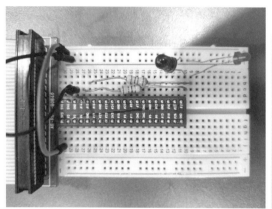

図B.7 配線例（途中）

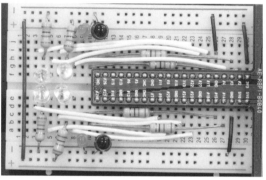

図B.8 配線例（完了）

LED

　LEDには2つの足があり、極性があるため正しく配線する必要があります。極性は長さで分かるようになっており、長い方が「アノード」、短い方が「カソード」と呼ばれます（図B.9）。回路図では図B.10のように表現されます。

図B.9 LEDのピン

図B.10 LEDのピンと回路図との対応

アノード　　カソード

注2　対応については公式サイトの解説も参考にしてください。 https://www.raspberrypi.org/documentation/usage/gpio/

　なお、2色LEDの場合はアノードもしくはカソードが中でつながっています。付録Aで紹介した秋月電子通商の商品ページににピンの説明があるので参考にしてください。回路図にある通り、アノードがつながっている場合はRaspberry Piの3.3Vに、カソードがつながっている場合はRaspberry PiのGNDに抵抗を通して接続します。抵抗には極性がないため向きを気にする必要はありません。

動作確認

　配線が終わったら動作を確認しておきましょう。ここではRaspberry Piで簡単にGPIOを制御できるWiringPi[注3]をインストールして使用することにします。以降の作業はすべてのRaspberry Piで実行してください。

　まずはWiringPiのインストールです。

```
$ sudo apt-get update -y
$ sudo apt-get install wiringpi -y
```

　インストールが終わったら、`gpio readall`を実行してみましょう。

```
$ gpio readall
+-----+-----+---------+------+---+--Pi 3B--+---+------+---------+-----+-----+
| BCM | wPi |   Name  | Mode | V | Physical | V | Mode |   Name  | wPi | BCM |
+-----+-----+---------+------+---+----++----+---+------+---------+-----+-----+
|     |     |    3.3v |      |   |  1 ||  2 |   |      | 5v      |     |     |
|   2 |   8 |   SDA.1 |  OUT | 0 |  3 ||  4 |   |      | 5v      |     |     |
|   3 |   9 |   SCL.1 |   IN | 1 |  5 ||  6 |   |      | 0v      |     |     |
|   4 |   7 |  GPIO. 7 |   IN | 1 |  7 ||  8 | 0 |  OUT | TxD     |  15 |  14 |
|     |     |      0v |      |   |  9 || 10 | 1 |   IN | RxD     |  16 |  15 |
|  17 |   0 |  GPIO. 0 |   IN | 0 | 11 || 12 | 0 |   IN | GPIO. 1 |   1 |  18 |
|  27 |   2 |  GPIO. 2 |  OUT | 0 | 13 || 14 |   |      | 0v      |     |     |
|  22 |   3 |  GPIO. 3 |  OUT | 0 | 15 || 16 | 0 |  OUT | GPIO. 4 |   4 |  23 |
|     |     |    3.3v |      |   | 17 || 18 | 0 |   IN | GPIO. 5 |   5 |  24 |
|  10 |  12 |    MOSI |   IN | 0 | 19 || 20 |   |      | 0v      |     |     |
|   9 |  13 |    MISO |   IN | 0 | 21 || 22 | 0 |   IN | GPIO. 6 |   6 |  25 |
|  11 |  14 |    SCLK |  OUT | 1 | 23 || 24 | 1 |   IN | CE0     |  10 |   8 |
|     |     |      0v |      |   | 25 || 26 | 1 |   IN | CE1     |  11 |   7 |
|   0 |  30 |   SDA.0 |   IN | 1 | 27 || 28 | 1 |   IN | SCL.0   |  31 |   1 |
|   5 |  21 |  GPIO.21 |   IN | 1 | 29 || 30 |   |      | 0v      |     |     |
|   6 |  22 |  GPIO.22 |  OUT | 0 | 31 || 32 | 0 |   IN | GPIO.26 |  26 |  12 |
|  13 |  23 |  GPIO.23 |  OUT | 0 | 33 || 34 |   |      | 0v      |     |     |
|  19 |  24 |  GPIO.24 |  OUT | 0 | 35 || 36 | 0 |  OUT | GPIO.27 |  27 |  16 |
|  26 |  25 |  GPIO.25 |  OUT | 0 | 37 || 38 | 0 |   IN | GPIO.28 |  28 |  20 |
|     |     |      0v |      |   | 39 || 40 | 0 |   IN | GPIO.29 |  29 |  21 |
+-----+-----+---------+------+---+----++----+---+------+---------+-----+-----+
| BCM | wPi |   Name  | Mode | V | Physical | V | Mode |   Name  | wPi | BCM |
+-----+-----+---------+------+---+--Pi 3B--+---+------+---------+-----+-----+
```

　Raspberry Piのピン配置と、WiringPiでのピン指定は異なっています。**BCM**という欄に書いてある番

注3　http://wiringpi.com/

号がRaspberry Piのピン配置（脚注2を参照）に書かれた番号です。WiringPiで指定するのは、これに対応した**wPi**欄の番号になります。

試しに14番のGPIOを点滅させてみましょう。**wPi**欄でこれに対応する番号は15なので以下のようにします。

```
$ gpio blink 15
```

これで14番のGPIOに接続したLEDが点滅するはずです。Ctrl+Cで終了できますので、同じようにしてほかのLEDが点灯することを確認し、うまく動作しないものは配線をチェックしてみてください。

ソフトウェア

続いてはソフトウェア側の構築です。今回はJavaを使用するため、まずはJavaをインストールします。

```
$ sudo apt-get update -y
$ sudo apt-get install openjdk-11-jdk-headless -y
```

GPIOをJavaから制御するためのライブラリとしてはPi4J[注4]を使用します。以下のようにしてインストールします。

```
$ curl -sSL https://pi4j.com/install | sudo bash
```

また、LEDサーバのアプリケーションは筆者サイト[注5]で入手可能にしてあります。以下でダウンロードしておいてください。

```
$ cd
$ wget https://static.ruimo.com/release/com/ruimo/rpiled-srv/1.5/rpiled-srv-1.5.zip
$ unzip -q rpiled-srv-1.5.zip
```

LEDサーバの動作確認

最初にFIFOを作成します。

注4 https://www.pi4j.com

注5 https://static.ruimo.com/release/com/ruimo/rpiled-srv/1.5/rpiled-srv-1.5.zip

```
$ sudo mkfifo /var/fifo
$ sudo chown pi:pi /var/fifo
$ ls -l /var/fifo
prw-r--r-- 1 pi pi 0 Aug 14 05:27 /var/fifo
```

FIFOを`ls -l`で見ると一番左に`p`が付くことが分かります。FIFOができたらLEDサーバを起動します。

```
$ cd
$ rpiled-srv-1.5/bin/rpiled-srv
Start initialization...
End initialization.
Opening fifo...
```

このように`Opening fifo...`と表示されたら準備完了です。FIFOに書き込んでみましょう。

もう1つターミナルを開いて同じRaspberry Piにsshで接続し、以下のコマンドを実行します。

```
$ echo 1.2.3.4:o >/var/fifo
```

これで2番のGPIO（Online LED）が点滅したはずです。echoに与えた引数、すなわちFIFOに与えたコマンドは図B.11に示したような形式になっています。本書では、1つのRaspberry Piの上で複数のコンテナを稼働させ、それぞれにWebサーバを起動します。個々のWebサーバは自分のIPアドレスを持っているため、これをコマンドに含めることで区別しているわけです。また、`:`に続いてどのLEDを点滅するかを選択するようになっています。

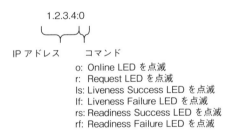

図B.11 LEDを点滅させるコマンド

コンテナは壊されたり再作成されたりすることでIPアドレスが変化していくため、LEDサーバでは最新の2つのIPアドレスのみを保持して、2セットあるどちらかのLEDの点滅に割り当てます。

LEDサーバの内部動作

　あわせて、LEDサーバの内部動作についても簡単に触れておきます（ソースコードはGitHub[注6]でも公開しているので興味のある方は参照してください）。

　先ほどの動作確認は、以下のような処理でした。

- /var/fifoをオープンして、ここから1行入力を行う
- 入力された行の内容に応じてPi4Jを用いてLEDの制御を行う

　Pi4JのAPIにはノンブロッキングなものが用意されています。これを使うことで、例えばLEDを1秒間隔点滅させる場合であれば、依頼する側のアプリケーションはAPIに対して「1秒間隔で点滅させる」と依頼するだけでよくなります。「LEDを点灯してから1秒待って消灯する」というように、自分で1秒待つことなくすぐに次の処理に移ることができるのです。これによって複数のLED点滅要求を同時に受け付けられるようになっています。

自動起動設定

　今回のようにLEDサーバを毎回sshで起動しておくのは面倒ですし、これではssh接続が切れると実行が終了してしまうという問題もあります。systemdを使ってRaspberry Piの起動時にLEDサーバも自動起動するようにしておきましょう。

　まず、/etc/systemd/systemの下にled-srv.serviceという名前で以下のようなファイルを作成します。root権限が必要なのでエディタの起動の際はsudo指定が必要なことに注意してください。

```
[Unit]
Description = LED server

[Service]
ExecStart = su - pi -c /home/pi/run-led-srv.sh
Restart = always
Type = simple

[Install]
WantedBy = multi-user.target
```

　次に、起動するプログラムとしてExecStartに指定している/home/pi/run-led-srv.shを作成します。このファイルの作成にはsudoは不要です。

注6　https://github.com/ruimo/rpiled-srv

```
#!/bin/sh

cd $(dirname $0)
rpiled-srv-1.5/bin/rpiled-srv
```

実行ビットを設定します。

```
$ chmod +x ~/run-led-srv.sh
```

続いてsystemdに登録されていることを確認します。

```
$ sudo systemctl list-unit-files --type=service | grep led-srv
led-srv.service                        disabled
```

最後に自動起動するよう設定します。

```
$ sudo systemctl enable led-srv
Created symlink /etc/systemd/system/multi-user.target.wants/led-srv.service → /etc/
systemd/system/led-srv.service.
```

手動で起動する場合は次のようにします（今後はOS起動時に自動起動します）。

```
$ sudo systemctl start led-srv
```

起動させたら、以下のように**active（running）**と表示されることを確認します。

```
$ sudo systemctl status led-srv
● led-srv.service - mplayer
   Loaded: loaded (/etc/systemd/system/led-srv.service; enabled; vendor preset: enabled)
   Active: active (running) since Sun 2020-09-27 09:51:29 BST; 3s ago
 Main PID: 15978 (su)
    Tasks: 0 (limit: 2063)
   Memory: 712.0K
   CGroup: /system.slice/led-srv.service
           □ 15978 /bin/su - pi -c /home/pi/run-led-srv.sh

Sep 27 09:51:29 worker1 systemd[1]: Started mplayer.
Sep 27 09:51:29 worker1 su[15978]: (to pi) root on none
Sep 27 09:51:29 worker1 su[15978]: pam_unix(su-l:session): session opened for user pi by
(uid=0)
Sep 27 09:51:29 worker1 su[15978]: Wi-Fi is currently blocked by rfkill.
Sep 27 09:51:29 worker1 su[15978]: Use raspi-config to set the country before use.
```

索引

■著者プロフィール
花井志生（はない・しせい）
C/C++を用いた組み込み機器（POS）用のアプリケーション開発に携わったのち、10年ほどでサーバサイド軸足を移し、主にJavaを使用したWebアプリケーション開発に従事。2015年夏からクラウドを用いたソリューションのテクニカルコンサルティング、PoCを生業としている。主な著書にJava、Ruby、C言語を用いたものがある。

● カバーデザイン　　　　　トップスタジオデザイン室（嶋 健夫）
● 本文デザイン／レイアウト　朝日メディアインターナショナル株式会社
● 編集　　　　　　　　　　村下昇平

■お問い合わせについて
　本書に関するご質問は、本書に記載されている内容に関するもののみとさせていただきます。本書の内容と関係のないご質問につきましては、いっさいお答えできませんので、あらかじめご了承ください。また、電話でのご質問は受け付けておりませんので、本書サポートページを経由していただくか、FAX・書面にてお送りください。

＜問い合わせ先＞
● 本書サポートページ
https://gihyo.jp/book/2021/978-4-297-12319-2
本書記載の情報の修正・訂正・補足などは当該Webページで行います。

● FAX・書面でのお送り先
〒 162-0846　東京都新宿区市谷左内町 21-13
株式会社技術評論社　雑誌編集部
「目で見て体験！Kubernetes のしくみ」係
FAX：03-3513-6173

　なお、ご質問の際には、書名と該当ページ、返信先を明記してくださいますよう、お願いいたします。
　お送りいただいたご質問には、できる限り迅速にお答えできるよう努力いたしておりますが、場合によってはお答えするまでに時間がかかることがあります。また、回答の期日をご指定なさっても、ご希望にお応えできるとは限りません。あらかじめご了承くださいますよう、お願いいたします。

目で見て体験！Kubernetes のしくみ
Lチカでわかるクラスタオーケストレーション

2021 年 10 月 9 日　初版　第 1 刷発行

著　者　　花井志生（はない しせい）

発行者　　片岡　巌
発行所　　株式会社技術評論社
　　　　　東京都新宿区市谷左内町 21-13
　　　　　　TEL：03-3513-6150（販売促進部）
　　　　　　TEL：03-3513-6177（雑誌編集部）
印刷／製本　港北出版印刷株式会社

定価はカバーに表示してあります。

造本には細心の注意を払っておりますが、万一、乱丁（ページの乱れ）や落丁（ページの抜け）がございましたら、小社販売促進部までお送りください。送料小社負担にてお取り替えいたします。

ISBN978-4-297-12319-2　C3055
Printed in Japan